DIESES BUCH IST GESCHRIEBEN VON
CHRISTINE WEIDENWEBER UND

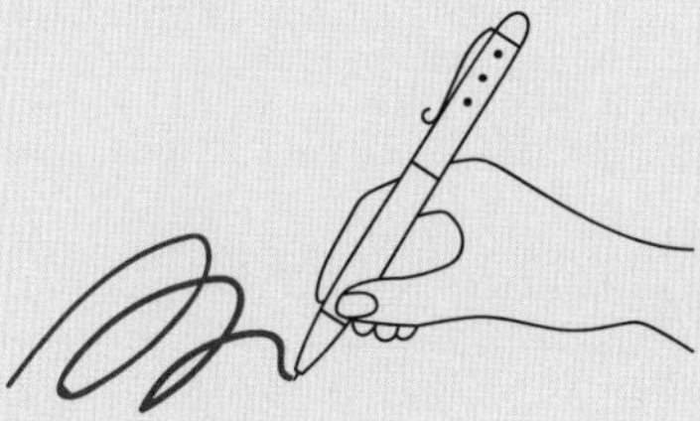

Dieses Buch ist nachhaltig und regional in Deutschland produziert. Das Papier ist FSCR-zertifiziert, und um Plastik zu sparen, verzichten wir auf eine Plastikfolie drumherum.

Dein PROJEKT. Dein GUIDE.

Gärtnern mit Misch-kultur

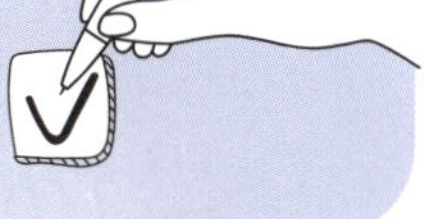

ulmer

inhalt

Vorwort – Hallo du! 6

LEVEL 1 MISCHKULTUR-basics 8

Die guten Gründe 10
Experimente-Tagebuch 12
Wie Mischkultur den Pflanzen nützt 14
Fruchtwechsel – Gemüse-Wechselspiel 16
Fruchtfolge – Leiten und Begleiten 20
Gamechanger – Mischkultur 22

LEVEL 2 EINEN plan ERSTELLEN 24

Bevor es losgeht 26
Meine Lieblingspflanzen 28
Quiz: Welcher Gartentyp bin ich? 30
Einen Gemüsegarten planen 34
So könnte dein Gartenplan aussehen 36
Draußen loslegen 38
Vom Papier aufs Beet 40
So könnte dein Beetplan aussehen 42
Beetplan: Wächst fast von allein 46
Beetplan: Die Mischung macht's 58
Beetplan: Braucht etwas Aufmerksamkeit 70

LEVEL 3

SO WIRD WAS DRAUS – anbau, pflege & verarbeitung 82

Die Anzucht-Challenge 84
Das Beet vorbereiten 88
Test: Zu welchem Bodentyp gehört mein Garten? 90
Ab in den Garten Gemüse pflanzen 94
Wasser marsch! 98
Ganz schön vielseitig – Mulchen 100
Auch Gemüse hat Hunger 102
DIY: Pflanzenjauche selbst herstellen 104
Gründüngung? Was ist das denn? 106
Was Gemüse krank macht 108
Gemüse und Kräuter ernten 112
Leg dir einen Vorrat an 114
DIY: Kräuter haltbar machen 116
Eigene Samen ernten 118

BONUS

gemüse & kräuter IM PORTRÄT 120

Gemüse-Lieblinge 122
Nützliche Kräuter 130
Die Blütenreichen 134
Zum Nachschlagen 142

Noch mehr Infos, Rezepte & Ideen gefällig?

Online unter www.ulmer.de/service/extras findest du noch mehr Extramaterial zum Herunterladen und Ausdrucken.

Hallo du!

Dieser Guide wächst mit dir, während du wächst.

Ich heiße Christine und bin leidenschaftliche Gemüsegärtnerin. Meinen ca. 200 m^2 großen Nutzgarten bewirtschafte ich schon lange in Mischkultur und – was soll ich sagen: Es macht mich glücklich. Dieses bunte Mischen der Kulturen lohnt sich wirklich, nicht nur, weil man beinahe das ganze Jahr über gesundes, leckeres Gemüse ernten kann. So gibt es viele gute Nachbarn, die sich gegenseitig unterstützen: Steht beispielsweise Salat neben Kohlrabi, machen sich die Erdflöhe vom Acker. Außerdem wird der Boden nicht einseitig ausgenutzt und durch die fast ganzjährige Bodenbedeckung wird CO_2 im Boden gespeichert, was der Umwelt sehr guttut.

Damit dein Mischkulturgarten – egal wie viele Beete du hast – von Anfang an ein Erfolg wird, **gibt dir dieses Buch in drei Leveln die wichtigsten Infos für Planung und Umsetzung von der Aussaat bis zur Ernte an die Hand**. Die drei Beetpläne, die jeweils für drei Jahre ausgearbeitet sind, bieten dir einen leichten Einstieg. Du kannst sie direkt übernehmen oder abändern, wie es für dich passt.

Check jeweils den QR-Code!

Auf vielen Seiten findest du QR-Codes zum Runterladen von praktischen Vorlagen. Probiere ruhig auch mal etwas Neues aus, versuche neue Kombinationen und notiere dir Erfolge und Misserfolge. Gärtnern ist ja immer ein Weg, der jedes Jahr anders verläuft. Und dieser Coach kann dich auf deinen Gemüsegarten-Wegen begleiten, wenn du magst.

Deine

Christine

Welche Pflanzen gut zusammenpassen und welche du besser nicht nebeneinandersetzt, warum es beim Gemüse Stark- und Schwachzehrer gibt und welche davon sich als Hauptkultur eignen, während andere sie nur kurze Zeit begleiten, das erfährst du in Level 1. Dann lernst du noch Gemüsearten kennen, die sich positiv beeinflussen und sogar Krankheiten und Schädlinge voneinander abhalten.

LEVEL 1 MISCHKULTUR-**basics** 8

Hast du Level 2 durchgearbeitet, wirst du bald ein Planungs-Profi. Erst einmal nimmst du aber deinen Garten auf verschiedene Standortfaktoren unter die Lupe und wirfst einen Blick auf deine Gemüse- und Kräuter-Wünsche. Ich zeige dir, wie du ein Beet, Wege und Kanten anlegst, und dann gehts schon los mit dem Mischen „a la Tetris".

LEVEL 2 EINEN **plan** ERSTELLEN 24

Von der Pflanzen-Kinderstube mit Vorziehen, Umpflanzen und Abhärten bis zum Futter und einer guten Pflege deiner Gemüse erfährst du im Level 3 alles, was du wissen musst, um eine gute Ernte einzufahren, die Pflanzen gesund zu erhalten und dabei den Gartenboden zu schonen. Aus zahlreichen Pflanzenporträts kannst du dir deine Lieblinge aussuchen und dich über ihre Bedürfnisse informieren.

LEVEL 3 SO WIRD WAS DRAUS – **anbau, pflege & verarbeitung** 82

LEVEL 1

MISCHKULTUR-basics

Bunt und vielfältig ist das Motto der Mischkultur und das nicht nur, weil es schön aussieht, sondern auch, weil es dem Gemüse, dem Boden und der Natur guttut. Scheinbar völlig ungeordnet wachsen da Wurzelgemüse neben Blattgemüse, hohe zwischen niedrigen Pflanzen und mittendrin noch Kräuter.

Erst bei genauerem Hinsehen und wenn du dich mit der Mischkultur beschäftigst, werden die Prinzipien erkennbar. Warum werden beispielsweise Salatsamen mit denen von Radieschen gemischt? Weil die Radieschen viel schneller wachsen, die Reihe anzeigen und geerntet werden, bevor der Salat den Platz beansprucht.

Was es auf sich hat mit dem Gemüse-Mischen, wer mit wem kann oder auch nicht, warum Fruchtwechsel, Haupt-, Vor- und Nachkultur auch dazu gehören, das sind wichtige Basics.

INHALT	SEITE	GECHECKT
Die guten **Gründe**	10	☐
Gut **geschützt**	12	☐
Haupt-, Vor- und Nachkultur	20	☐
Gemüse wechsel dich	22	☐

Fang erst einmal klein an und mische zwei Gemüse, die gut harmonieren. Das ist eine gute Basis und weiter ausbaufähig.

Kreuze die Kästchen an, wenn Du das Thema gelesen hast...

DIE GUTEN GRÜNDE

Beikräuter schleichen sich einfach so ins Beet ein und eigentlich stören sie immer irgendwie. Deshalb nennen wir sie meist Unkräuter, dabei handelt es sich häufig um nützliche Wildkräuter, die nicht gleich weggehackt werden müssen.

Du möchtest deinen Garten, ein Beet oder den Gemüsebalkon in ein buntes Paradies verwandeln, mit der Natur arbeiten und dabei möglichst viel gesundes Gemüse ernten? Dann ist die Mischkultur genau richtig für dich. Vorbild für diese Anbauart ist die Natur – die beste Lehrerin, die man sich vorstellen kann.

Grund 1: Stärker im Team

Der Name ist Programm: Beim Gärtnern in Mischkultur wachsen verschiedene Gemüse in trauter Einigkeit, dazwischen im Optimalfall noch blühende Kräuter – eine Win-win-Situation für Pflanzen, Natur und Gärtnernde. Wachsen die richtigen Partner zusammen, kann das auch deinen Ernteertrag steigern. In der Natur wachsen beispielsweise Bäume schneller und kräftiger, wenn sie in Nachbarschaft von anderen Arten stehen. Du kannst dir das so vorstellen, wie bei uns Menschen: Im Team sind wir meistens am stärksten, achten aufeinander. Die jeweiligen Vorzüge der Partner werden zum Nutzen aller eingesetzt. Das ist im Garten Mischkultur!

Grund 2: Alle Ebenen nutzen

Die einen wachsen in die Tiefe, andere breiten sich am Boden aus und manche Pflanzen nutzen luftige Höhen. So in Etagen kombiniert wird jede Ebene genutzt und die Pflanzen kommen sich nicht ins Gehege: Wurzelgemüse lässt sich mit Blattgemüse kombinieren, rankende Pflanzen wie Kletterbohnen erklimmen hochwachsende Arten wie Mais, der als natürliche Pflanzenstütze dient. Im Gegenzug liefern die Bohnen wertvollen Stickstoff. Schnell wachsendes Gemüse wie Radieschen kann außerdem mit länger auf dem Beet bleibenden Arten wie Möhren oder Salat gemischt werden. Die Radieschen sind geerntet, bis sich Kohl, Möhren oder andere Partner ausbreiten und die Erde bedecken.

TIPP

Im Mischkulturgarten wird etwas dichter gepflanzt, sodass der Boden fast immer bedeckt ist. Dadurch verdunstet Feuchtigkeit nicht so schnell und Beikräuter werden unterdrückt. Und das heißt: weniger Arbeit!

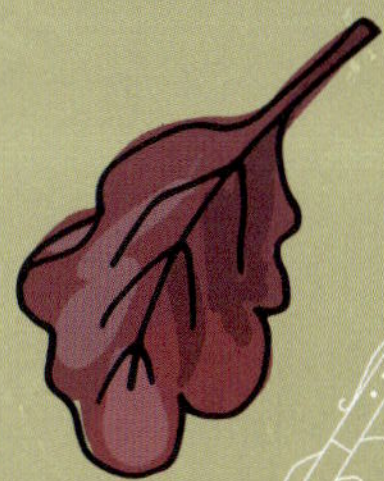

Grund 3: Boden-Vibes fördern

Ein wichtiger Vorteil der Mischkultur ist die positive Wirkung auf den Boden. Ist die Erde bedeckt und verschiedene Wurzeltypen strecken sich in die Tiefe, fühlen sich auch die unzähligen fleißigen Bodenlebewesen wohl – vom nützlichen Regenwurm bis zur kleinsten Bodenmikrobe. Sie sind vor allem für die Humusbildung verantwortlich. Und je mehr Humus im Boden ist, umso mehr CO_2 wird im Boden gebunden. Und das ist ziemlich gut fürs Klima.

Aus dem Boden bekommen deine Pflanzen Nährstoffe und Wasser. Stehen verschiedene Gemüsearten auf deinem Beet, dann entziehen sie dem Boden jeweils unterschiedliche Nährstoffkombinationen. So werden die Nährstoffe viel besser und vor allem ausgewogen und nicht einseitig genutzt.

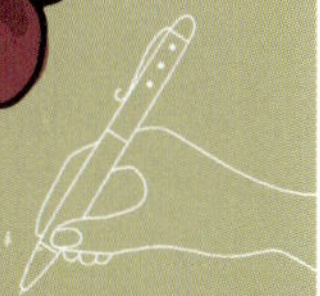

Schreibe auf!

Was erhoffst du dir vom Gärtnern mit Mischkultur?

EXPERIMENTE-TAGEBUCH

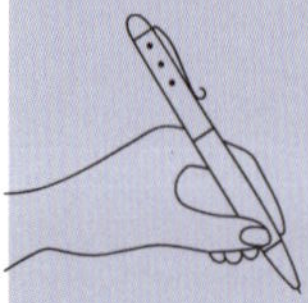

Wie wäre es mit einem kleinen Experiment? Säe auf einem kleinen Beet nur Möhren aus, auf einem anderen Beet Möhren in Mischkultur mit Zwiebeln. Du kannst auch andere Kombinationen ausprobieren!

Wähle gern deine eigene Kombination und trage sie ein. Notiere dann deine Beobachtungen und kreuze entsprechend an.

Beet A: Monokultur

Bepflanzung mit: __________

Aussaatdatum: __________

Erste Keimlinge erkennbar: __________

Erntedatum: __________

Krankheiten/Schädlinge entdeckt: __________

Hier findest du diese Seite zum Download:

Krankheit/ Schädling	Datum	Befall	Bekämpfungs-methode	Erfolg
		☐ stark ☐ mittel ☐ schwach		☺ ☹
		☐ stark ☐ mittel ☐ schwach		☺ ☹
		☐ stark ☐ mittel ☐ schwach		☺ ☹
		☐ stark ☐ mittel ☐ schwach		☺ ☹
		☐ stark ☐ mittel ☐ schwach		☺ ☹

Beet B: Mischkultur

Bepflanzung mit: ____________ & ____________

Aussaatdatum: ____________

Erste Keimlinge erkennbar: ____________

Erntedatum: ____________

Krankheiten/Schädlinge entdeckt: ____________

Du kannst dich auch gerne mit einem Freund absprechen und eure Ergebnisse vergleichen!

Krankheit/ Schädling	Datum	Befall	Bekämpfungs-methode	Erfolg
		☐ stark ☐ mittel ☐ schwach		☺ ☹
		☐ stark ☐ mittel ☐ schwach		☺ ☹
		☐ stark ☐ mittel ☐ schwach		☺ ☹
		☐ stark ☐ mittel ☐ schwach		☺ ☹
		☐ stark ☐ mittel ☐ schwach		☺ ☹

Deine Auswertung

Welches Beet hat sich besser entwickelt?

☐ Monokultur ☐ Mischkultur ☐ Es war gleich

Mit welchem Beet hattest du weniger Arbeit?

☐ Monokultur ☐ Mischkultur ☐ Es war gleich

Bei welchem Beet hattest du eine größere Ernte?

☐ Monokultur ☐ Mischkultur ☐ Es war gleich

Was ist dein Fazit des Experiments?

____

____

____

____

____

____

____

Wie Mischkultur den Pflanzen nützt

Die Erforschung der Pflanzennachbarschaften steckt noch in den „Kinderschuhen". Ob Wurzelausscheidungen und Duftstoffe Schaderreger vertreiben, hängt möglicherweise auch von Umwelt- und Standortfaktoren ab.

Beobachtung ist hier nützlich für dich, dann wirst du mit der Zeit wissen, welche Partnerschaften in deinem Garten gut funktionieren.

TIPP

Erdbeeren und Knoblauch, geht das? Auf jeden Fall. Pflanze zwischen die Erdbeeren einige Knoblauchknollen. Schimmel an Erdbeeren solltest du dann nicht mehr entdecken können.

Unglaublich, wie gut die gegenseitige Unterstützung von Pflanzen funktioniert. Meist sind es besondere Wurzelausscheidungen oder auch Duftstoffe von Gemüse und Kräutern, die den Schädlingen gar nicht schmecken und wodurch sie schnell in die Flucht geschlagen werden.

Ganz schön verwirrend

Zum einen schützen Pflanzen also aktiv sich selbst und ihre Nachbarn vor Schädlingen und Krankheitserregern, zum anderen ist allein schon die Mischung verschiedener Gemüse nützlich. Die meisten Schädlinge haben sich nämlich auf eine Pflanzenart spezialisiert, sie können sich in dem „Gemüse-Durcheinander" nicht so recht ausbreiten. In Monokulturen, wo auf größeren Flächen nur eine Gemüseart wächst, ist das einfacher.

Kräuter-Allerlei

Kräuter gehören unbedingt in den Gemüsegarten, du kannst sie zum Würzen verwenden, für Tees, Pesto und vieles mehr. Wie praktisch, dass du sie gut in die Mischkultur integrieren kannst. Zu Gurken passt z.B. Dill perfekt, nicht nur im Gurkensalat, sondern auch weil Dill mit seinem speziellen Duft den Gurken die Blattläuse vom Leib hält.

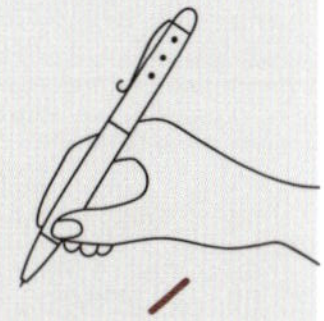

Trage das Gemüse in die Tabelle ein, das zu der beschriebenen Wirkung am besten passt. Die Auflösung gibt's auf Seite 141.

Wer hilft wem?

Salat Zwiebeln Tomaten
Möhren Kohl

Gemüse	So wirkt's
	Vertreiben bei Zwiebelpflanzen die Zwiebelfliege und wehren allgemein Läuse ab.
	In Mischkultur mit Sellerie schützt Kohl vor Sellerieschorf, mit Ringelblume wirkt die Kombination gegen Nematoden, also winzig kleine Fadenwürmer, die z.B. an den Wurzeln saugen.
	Reduziert vor allem bei Kohlrabi und Radieschen den Befall mit Erdflöhen.
	Verhindern Eiablage von Kohlweißlingen an Kohl, Abwehrpflanze gegen schädliche Insekten wie die Möhrenfliege.
	Vertreiben die Möhrenfliege an Möhren und haben allgemein eine Wirkung gegen Grauschimmel und Mehltau.

Kräuter-Checkliste

Hake ab, was du ausprobieren möchtest!

Diese Kräuter helfen	Wogegen?	Will ich ausprobieren
Basilikum	Mehltau, Weiße Fliege	
Bohnenkraut	Blattläuse an Bohnen	
Kapuzinerkresse	Ameisen, Blattläuse, Blutläuse	
Kerbel	Schnecken an Salat und Zwiebeln	
Ringelblumen	Fadenwürmer (Nematoden)	
Tagetes	Fadenwürmer (Nematoden)	

Fruchtwechsel – Gemüse-Wechselspiel

Wächst auf einem Beet Jahr für Jahr dasselbe Gemüse, ist das für den Boden gar nicht gut. Dann werden immer dieselben Nährstoffe in einer bestimmten Bodentiefe – in Abhängigkeit von der Wurzelausbreitung – entzogen und der Boden wird ausgelaugt.

Zugleich ist dieser einseitige Anbau eine Art „Türöffner" für Krankheiten und Schädlinge, die sich im Boden aufhalten und auf bestimmte Pflanzengruppen spezialisiert sind. Die Krankheitserreger überdauern im Boden, vermehren sich und „stürzen" sich im neuen Jahr gleich wieder auf das geliebte Gemüse. Erst nach einer Anbaupause von drei bis vier Jahren sind die meisten Krankheitserreger weg und eine Gemüseart kann erneut auf dem Beet angebaut werden.

Lange bekannt ...

Schon ab dem frühen Mittelalter wurde Fruchtwechsel in der Landwirtschaft betrieben und war als Dreifelderwirtschaft, später als Vierfelderwirtschaft, bekannt. Ein Fruchtfolgesystem, bei dem sich Feldfrüchte wie Getreide und Rüben, abwechselten, und im dritten Jahr das Land unbearbeitet blieb.

Familienbande und Nährstoffbedarf

In diesem Jahr Grünkohl auf dem Beet, im nächsten Jahr Brokkoli und danach Weißkohl – das funktioniert nicht. Denn Krankheiten sind nicht nur auf ein bestimmtes Gemüse, z.B. Kohlrabi, spezialisiert, sondern auf die ganze Pflanzenfamilie. Auch hier gilt der Turnus von drei bis vier Jahren: In einem Jahr wächst das Nachtschattengewächs Tomate auf dem Beet, im nächsten Jahr das Gänsefußgewächs Mangold und im dritten Jahr Bohnen, die zu den Hülsenfrüchten gehören.

Hinzu kommt noch ein weiterer Aspekt, nämlich der Nährstoffbedarf der Pflanzen. Es gibt sehr hungrige wie Tomaten, das sind die sogenannten Starkzehrer. Dann gibt es Gemüse, z.B. Mangold, das im mittleren Bereich liegt, das sind die Mittelzehrer. Die Anspruchslosen, zu denen Pflücksalat und Zuckererbsen zählen, nennt man Schwachzehrer.

Mehr zur Gründüngung erfährst du auf Seite 106.

So wird's gemacht

Mithilfe von vier Beeten lässt sich der Fruchtwechsel gut erklären. Auf dem ersten Beet wächst ein Starkzehrer wie das Nachtschattengewächs Aubergine. Auf dem zweiten Beet pflanzt du den Mittelzehrer Schwarzwurzeln aus der Familie der Korbblütler an, das dritte Beet wird mit Stangenbohnen bestellt und auf Beet vier kommt eine Gründüngung. Jedes Jahr rotierst du mit dem Gemüse aufs nächste Beet.

Pflanzenfamilie	Starkzehrer	Mittelzehrer	Schwachzehrer
Gänsefußgewächse		Mangold, Rote Bete, Spinat	
Hülsenfrüchtler			Ackerbohne, Erbsen, Buschbohne, Stangenbohne
Korbblütler	Artischocke	Chicorée, Endivie, Radicchio, Schwarzwurzel	Salate, wie Kopfsalat, Schnittsalat
Kreuzblütler	Kohlarten (Blumenkohl, Grünkohl etc.), Romanesco, Pak Choi	Chinakohl, Kohlrabi, Steckrübe, Mairübe	Gartenkresse, Radieschen, Rucola
Kürbisgewächse	Gurke, Kürbis, Zucchini		
Liliengewächse	Spargel, Lauch	Zwiebel, Knoblauch, Frühlingszwiebeln, Schalotte	Bärlauch
Nachtschattengewächse	Chili, Kartoffel, Paprika, Physalis, Tomate, Aubergine		

Beim Fruchtwechsel kommt jedes Jahr ein Gemüse aus einer anderen Familie und mit einem anderen Nährstoffbedürfnis aufs Beet.

Kleine Tricks

Es gleicht einem Puzzle, Gemüse so zu kombinieren, dass nicht Pflanzen derselben Familie nacheinander auf dem Beet stehen, zumal du auch noch den Nährstoffbedarf bedenken solltest. Aber keine Sorge, du kannst ein bisschen tricksen:

→ Tomaten und Stangenbohnen können ein paar Jahre hintereinander auf demselben Beet stehen, ohne dass sie gleich krank werden.

→ Salate, Lauch, Kohlrabi und Mangold kannst du zwei Jahre hintereinander anbauen.

→ Seltene Pflanzenfamilien kannst du häufiger integrieren, z.B. Baldriangewächse wie den Feldsalat.

Die meisten Gartengemüse sind Mitglieder der Hauptfamilien Gänsefußgewächse, Hülsenfrüchtler oder Schmetterlingsblütler, Kürbisgewächse, Korbblütler, Kreuzblütler, Liliengewächse und Nachtschattengewächse. Aber es gibt noch viele andere Familien im großen Pflanzenreich, die für Fruchtwechsel und Fruchtfolge interessant sind. Feldsalat zählt beispielsweise zu den Baldriangewächsen und ist ein Schwachzehrer. Winterpostelein ist ebenfalls ein Schwachzehrer und stammt aus der Familie der Quellkrautgewächse, während Mais zu den Süßgräsern gehört und als Starkzehrer sehr hungrig ist. Diese Gemüse passen immer, weil sie mit keinem anderen Gemüse verwandt sind.

Fruchtfolge bedeutet, dass zwei bis drei Gemüse nacheinander auf demselben Beet wachsen, also zuerst z. B. Salat, dann Mais und zuletzt Winterpostelein.

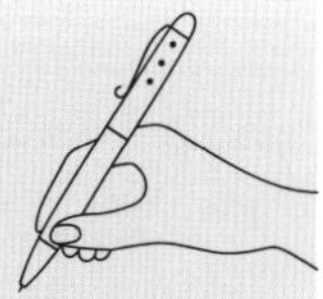

Schreibe auf!

Was möchte ich unbedingt anbauen und zu welcher Pflanzenfamilie gehört es?

Fruchtfolge – Leiten und Begleiten

Was wird mit wem kombiniert – das ist eine wichtige Frage. Die Antwort setzt sich aus mehreren Faktoren zusammen. Und du kannst dir das Ganze auch wie ein Baukastensystem vorstellen. Ein wichtiger Baustein ist der Fruchtwechsel, ein anderer die Fruchtfolge. Innerhalb eines Gartenjahres erntest du, wenn du „nur“ auf Fruchtwechsel setzt, jeweils ein Gemüse. Kommt dann die Fruchtfolge mit Hauptkultur, Vor- und Nachkulturen ins Spiel, kannst du mehrere Ernten einfahren.

Hierzu wählst als du zunächst deine Hauptkulturen aus. Meistens sind das Gemüse mit einer langen Wachstumszeit bis zur Ernte. Grünkohl, Kopfkohlarten oder auch Pastinaken zählen dazu. Um die Hauptkultur herum werden dann andere Gemüsearten als Vor- oder Nachkultur gruppiert. Sie sind schneller reif und begleiten die Leitpflanzen über eine kürzere Zeit auf dem Beet.

TIPP

Achte bei den Gemüsesorten auf spezielle Eigenschaften. So gibt es frühe und späte Sorten z.B. bei Möhren, Kartoffeln und Lauch, oder auch Sorten, die schneller reif werden. In Regionen, wo der Frühling später und der Herbst früher kommt, sind solche Sorten nützlich.

Wann und wie lange?

Die Vorgaben für Vor- und Nachkulturen gibt die Hauptkultur. Entscheidest du dich für ein Tomatenbeet, dann werden die Tomaten im Mai gepflanzt, zuvor können also noch Salat und Radieschen dort wachsen und erntereif werden. Möchtest du Zwiebeln anbauen, kannst du nach der Ernte noch Radieschen säen oder Rote Bete pflanzen. Du merkst schon – man muss sich erst einmal ein wenig einarbeiten, aber es lohnt sich, versprochen. Das Schöne an der Kulturfolge ist, dass du nicht nur eine, sondern zwei bis drei Ernten im Jahr hast, du also einfach mehr erntest. Und weil der Boden fast immer bedeckt ist, werden keine Nährstoffe ausgewaschen, sondern vom Gemüse genutzt.

Die Hauptkultur wird auch Leitkultur genannt, die Vor- und Nachkulturen auch Begleitkulturen.

A = Aussaat ins Beet und

P = Pflanzung.

Ohne Abkürzungen kommst du im Pflanzplan nicht aus.

Die brauchen lange

Gemüse	Aussaat/Pflanzung	Ernte
Grünkohl (P)	Mai–Juni	Okt.–Feb.
Tomate (P)	Mai	Ende Aug.–Okt.
Pastinaken (A)	März–April	Sept.–Nov.
Kürbis (P)	Mai–Juni	Sept.–Okt.
Steckrüben (A)	März–Juni	Okt.–Nov.
Zwiebeln (P)	März–April	Juli–Sept.

Die sind schnell

Gemüse	Aussaat/Pflanzung	Ernte
Radieschen (A)	Ab März	Nach 20–30 Tagen
Spinat (A)	Feb.–April, Aug.–Sept.	Nach 6–8 Wochen
Kohlrabi (P)	Ab April	Nach 10–12 Wochen
Salat (P)	Ab März	Nach 8–10 Wochen
Zucchini (P)	Mai	Nach 6 Wochen

Gamechanger – Mischkultur

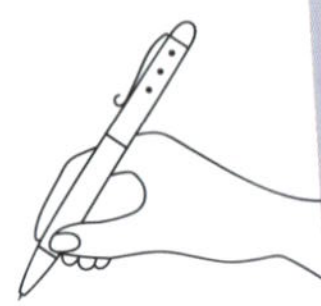

Kreuze die richtigen Antworten an – es können auch mehrere sein! Die Auflösung gibt's auf Seite 141.

Teste dich: Weißt du das schon?

1. Gemüse, die als Hauptkultur dienen, sind z.B. ...

- A Kartoffeln
- B Mangold
- C Tomaten

2. Hauptkulturen ...

- A bleiben länger auf dem Beet als Vor- und Nachkulturen.
- B sind nur für eine kurze Zeit auf dem Beet.
- C bleiben genauso lange auf dem Beet wie Vorkulturen.

3. Zwiebeln haben keine Vorkultur, weil ...

- A es kein Gemüse gibt, dass als Vorkultur passt.
- B sie sehr früh ausgesät werden.
- C sie so viel Platz benötigen.

4. Grünkohl hat keine Nachkultur, weil ...

- A er bis zum Frühjahr geerntet werden kann.
- B er mehrere Jahre auf dem Beet stehen bleiben kann.
- C es keine passende Nachkultur gibt.

5. Es lohnt sich, Vor- und Nachkulturen einzuplanen, weil ...

- A so der Boden beinahe dauerhaft bedeckt ist.
- B du deine Gartenbeete optimal ausnutzt.
- C so eine große Vielfalt in deinen Garten kommt.

Der letzte und anspruchsvollste Baustein im schon erwähnten Baukastensystem ist die Mischkultur. Beim Fruchtwechsel steht der jährliche Wechsel im Fokus, bei der Fruchtfolge die Hauptkultur mit Vor- und Nachkulturen. Das Kombinieren von Gemüse und Kräutern auf einem Beet ist das Hauptziel der Mischkultur. Das Ziel ist, alle drei Komponenten sinnvoll zu kombinieren.

Ganz allgemein gilt: Gemüse mit einer kurzen Wachstumszeit können sowohl Vorkultur als auch Zwischen- und Nachkultur sein.

Gute Haupt-, Vor- und Nachkulturen

Mögliche Vorkultur	Hauptkultur	Mögliche Nachkultur
Erbsen, Bohnen, Kohlrabi, Radieschen, Rettich, Salat	Grünkohl	Nicht möglich
Radieschen, Pflücksalat	Kartoffeln	Fenchel, Rosenkohl, Grünkohl
Winterportulak, Feldsalat	Kürbis	Radieschen, Kohlrabi, Rosenkohl
Kohlrabi, Salat	Lauch	Feldsalat, Radieschen, Salat, Kohlrabi
Nicht möglich, da zu frühe Aussaat	Schwarzwurzeln	Feldsalat
Erbsen	Sellerie	Feldsalat, Radieschen
Kohlrabi, Radieschen, Ackerbohne	Tomaten	Phacelia
Nicht möglich, da zu frühe Aussaat	Zwiebeln	Kohlrabi, Mangold, Radieschen, Rote Bete

Und dazwischen?

So manches Gemüse wächst echt langsam, z. B. Pastinaken. Da geht weder vorweg noch danach was. Also nur eine Ernte? Doch da geht noch was, nämlich mit einer Zwischenkultur. Die wächst dann gleichzeitig auf dem Beet, wird aber geerntet, bevor die Hauptkultur sich richtig schön übers ganze Beet ausbreitet.

TIPP

Buschbohnen wachsen und fruchten auch schnell, außerdem binden sie Stickstoff, den das nachfolgende Gemüse dann nutzen kann. Also unbedingt anbauen!

LEVEL 2

EINEN plan ERSTELLEN

Planlos geht's nicht im Garten. Die Beete brauchen Struktur und für dich ist es einfach klasse, wenn du den Überblick hast. Dann brauchst du nämlich nur noch säen, pflanzen, ernten.

Der erste Plan ist noch ein bisschen aufwendig, aber in den nächsten Jahren kannst du durchstarten und wirst sicher bald zum Mischkultur-Profi.

INHALT	SEITE	GECHECKT
Bevor es losgeht	26	☐
Quiz: Welcher Gartentyp bin ich?	30	☐
Einen **Gemüsegarten** planen	34	☐
Gartenplan zum Selbstausfüllen	37	☐
Draußen loslegen	38	☐
Vom **Papier** aufs Beet	40	☐
Blanko-Beetplan zum Selbstausfüllen	44	☐
Beetpläne zum Nachpflanzen	46	☐

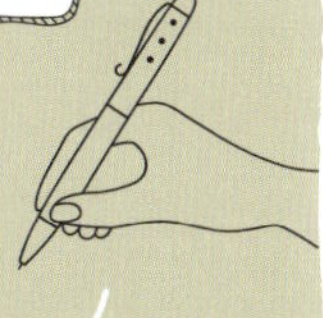

Kreuze die Kästchen an, wenn Du das Thema gelesen hast.

Bevor es losgeht

Ob du alles einplanen kannst, liegt vor allem am Platz. Eine Prioritätenliste wäre deshalb prima.

Am besten machst du als Erstes eine Liste von deinem Lieblingsgemüse.

Setz Prioritäten

Bei einer kleinen Fläche kannst du viel Gemüse unterbringen, das selbst wenig Platz braucht, also z.B. Salate, Möhren, Radieschen, Kohlrabi. Mit Fruchtfolge und Mischkultur nutzt du die Fläche dann optimal aus. Steht dir mehr Platz zur Verfügung, sind auch Gemüse mit größerem Platzbedarf wie Kürbis, Mais, Kohl möglich. Am besten teilst du die Gemüse gleich in Stark-, Mittel- und Schwachzehrer ein und ordnest sie den Pflanzenfamilien zu. Dann geht es beim Erstellen des jährlichen Gemüseplans schneller.

Mach dir auch eine Prioritätenliste für Kräuter, die du in der Küche gut gebrauchen kannst, und für Gartenblumen. Man unterscheidet zwischen Blumen, die nur einen Sommer gedeihen und dann zugrunde gehen, wie Sonnenblume, Schmuckkörbchen und Mohn, und solchen, die zwei Jahre auf dem Beet bleiben, wie Nachtkerze, Fingerhut und Bartnelke. Neben diesen Ein- und Zweijährigen gibt es noch mehrjährige Gartenblumen, die dir über viele Jahre Freude machen. Sonnenhut, Ziersalbei und Anemonen zählen zur großen Vielfalt der Stauden. Hast du genug Platz für einen vierjährigen Fruchtwechsel mit Gründüngung, kannst du sogar immer ein Beet mit einer einjährigen Wiesenblumen-Mischung aussäen.

TIPP

Niedrig wachsende Stauden, z.B. Frauenmantel oder Goldkörbchen, oder Kräuter, wie Lavendel oder Thymian, machen sich außerdem sehr gut als Umrandung für deine Beete. Das sieht hübsch aus und die Blüten locken nützliche Insekten an.

Zeitmanagement

Je mehr Fläche, umso mehr Zeit musst du investieren. Um zwei Menschen ab Mai mit Gemüse zu versorgen, reichen etwa 40 Quadratmeter – 8 Quadratmeter musst du etwa für Wege einkalkulieren. Dabei kannst du pro Quadratmeter im Laufe des Jahres mit 2–3 kg Gemüse rechnen. Mit einem guten Mischkulturplan liefern aber auch schon 2 Quadratmeter viel Gemüse. Eine wichtige Frage ist: Wie viel Zeit hast du für deinen Gemüsegarten? Für kleinere Beete kannst du 1–2 Stunden pro Woche rechnen, für 15 Quadratmeter und mehr Fläche sind es im Schnitt 4 Stunden pro Woche. Es gibt pflegeleichtes Gemüse, das dir nicht viel Arbeit macht. Salat, Mangold, Zucchini oder auch Kartoffeln zählen dazu. Für anderes Gemüse, wie Kohl oder Tomaten, musst du etwas mehr Zeit einplanen. Denke auch an deine Urlaubszeiten: Hast du Nachbarn oder Freunde, die gießen und auch mal ernten, wenn du nicht da bist?

?

Hast du schon Gartengeräte, musst du sie anschaffen oder kannst du dir welche leihen oder mit anderen gemeinsam erwerben?

Das sollte vorher geklärt sein!

- [ ] Gemüsefavoriten aussuchen
- [ ] Gemüse in Nährstoffgruppen einteilen
- [ ] Gemüsefamilien checken
- [ ] Kräuter und Zierpflanzen auswählen
- [ ] Zeitaufwand bedenken
- [ ] Urlaubsvertretung klären

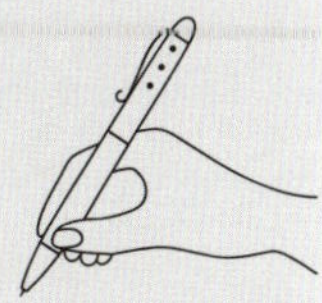

Hake ab, was du erledigt hast!

Meine Lieblings-pflanzen

Hier kannst du eine Übersicht deiner absoluten Lieblingspflanzen notieren, die in deinem Garten auf keinen Fall fehlen dürfen.

MEIN LIEBLINGS-GEMÜSE

- [ ] Zum Einkochen
- [ ] Als Snack vom Beet
- [ ] Zum Kochen
- [ ] Als Rohkost
- [ ] ______

- [ ] Zum Einkochen
- [ ] Als Snack vom Beet
- [ ] Zum Kochen
- [ ] Als Rohkost
- [ ] ______

- [ ] Zum Einkochen
- [ ] Als Snack vom Beet
- [ ] Zum Kochen
- [ ] Als Rohkost
- [ ] ______

- [ ] Zum Einkochen
- [ ] Als Snack vom Beet
- [ ] Zum Kochen
- [ ] Als Rohkost
- [ ] ______

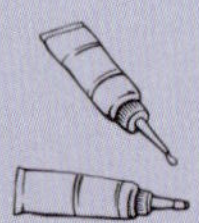

Suche Bilder deiner Lieblingspflanzen in Katalogen oder auf Pinterest und klebe sie hier ein!

MEINE LIEBLINGS-KRÄUTER

- [ ] Für Salat
- [ ] Zum Kochen
- [ ] Aufs Brot
- [ ] Für Tee
- [ ] ______

- [ ] Für Salat
- [ ] Zum Kochen
- [ ] Aufs Brot
- [ ] Für Tee
- [ ] ______

- [ ] Für Salat
- [ ] Zum Kochen
- [ ] Aufs Brot
- [ ] Für Tee
- [ ] ______

- [ ] Für Salat
- [ ] Zum Kochen
- [ ] Aufs Brot
- [ ] Für Tee
- [ ] ______

Hier findest du diese Seite zum Download:

MEINE LIEBSTEN BLÜH-PFLANZEN

- [ ] Zum Essen
- [ ] Im Garten
- [ ] Für die Vase
- [ ] Als Topfpflanze
- [ ] ______

- [ ] Zum Essen
- [ ] Im Garten
- [ ] Für die Vase
- [ ] Als Topfpflanze
- [ ] ______

- [ ] Zum Essen
- [ ] Im Garten
- [ ] Für die Vase
- [ ] Als Topfpflanze
- [ ] ______

- [ ] Zum Essen
- [ ] Im Garten
- [ ] Für die Vase
- [ ] Als Topfpflanze
- [ ] ______

QUIZ – POWER, LAZY ODER EXPERIMENTAL?

WELCHER garten-typ BIN ICH?

Finde heraus, wie viel Perfektion, Experimentierfreude und Entspannung du in deinem Mischkulturgarten brauchst.

1. Warum möchtest du einen Mischkultur-Beet oder gleich einen ganzen Garten anlegen?

A Ich liebe Gartenarbeit und möchte so viele Beete wie möglich anlegen.

B Ich freue mich darauf mein Lieblingsgemüse anzubauen. Mehr muss nicht sein.

C Mein Garten hat genau die richtige Größe, um eine möglichst bunte Mischkultur mit vielen Arten und Sorten auszuprobieren.

2. Möchtest du das Gemüse gleich, z.B. in Salaten, verarbeiten oder gar naschen oder magst du dir auch einen Vorrat anlegen?

A Von meinem Lieblingsgemüse werde ich zum Einfrieren oder Einkochen immer etwas mehr anbauen.

B Naschgemüse finde ich klasse. Tomaten frisch vom Strauch, Gurken zum Snacken, Salat für den Salat – das ist mein Traum.

C Ich möchte mir auch Vorräte anlegen, vor allem Pesto und Chutneys ausprobieren und auch mal eine Kräuterseife herstellen.

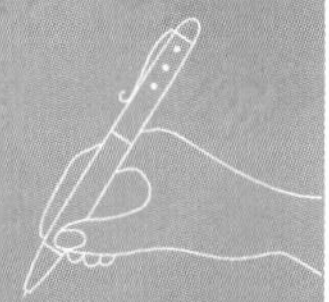

3. Möchtest du auch Süßkartoffeln, Kichererbsen oder Soja anbauen?

A Für mich stehen die klassischen Gemüse an erster Stelle.

B Ich werde mir jedes Jahr neu überlegen, was ich gern anbauen möchte. Vielleicht auch mal Kichererbsen.

C Besonderheiten wie Kichererbsen oder auch dauerhaftes Gemüse wie Winterheckezwiebeln passen sehr gut in den Mischkulturplan. Ich möchte so viel wie möglich ausprobieren, auch neue und alte Sorten.

Kreuze an, was für dich passt, und schaue auf der entsprechenden Seiten nach den Antworten im Text.

4. Sollen auch Kräuter und Zierpflanzen bei dir im Garten, Beet oder Kübel wachsen?

A Den Platz im Garten möchte ich vor allem für das Gemüse nutzen. Kräuter sollen aber auch dabei sein. Ich kann mir gut vorstellen, eine kleine Kräuterumrandung um die Beete anzulegen und Kräuter und Blumen auch in die Mischkultur zu integrieren.

B Ich liebe Kräuter, die ich gleich frisch in der Küche verwenden kann. Lavendel und Rosmarin dürfen aber auch nicht fehlen, einfach weil sie so schön duften.

C Kräuter und solche, die üppig blühen, müssen dabei sein. Bei den Kräutern möchte ich gerne verschiedene Sorten testen. Ich notiere mir dann die Eigenschaften und komme so zu meinen Lieblingssorten.

Mehr dazu auf den Seiten 130 & 134.

5. Verbringst du deine Urlaube am liebsten weit weg von zuhause?

A Meinen Urlaub verbringe ich am liebsten im Garten.

B Ich bin mehrmals im Jahr im Urlaub. Wenn es während dieser Zeit etwas im Garten zu tun gibt, übernimmt mein Nachbar das für mich.

C Ich verreise gern. Ich würde meine Urlaubszeit aber auch nach den Arbeits- und Erntezeiten im Garten richten.

6. Möchtest du so viel Gemüse wie möglich selbst aus Samen anziehen oder wirst du dir Gemüsepflanzen in der Gärtnerei kaufen?

A Ich freue mich schon auf meinen „Gemüse-Kindergarten". Ich möchte aus Zeitungspapier kleine Anzuchttöpfe produzieren und Kürbisse, Zucchini und Tomaten selbst aus Samen anziehen.

B Dafür habe ich nicht so viel Zeit. Ich suche mir gute Sorten aus und kaufe mir das Gemüse, das besser gepflanzt als direkt ins Freiland gesät wird.

C Besondere Gemüsesorten bekommt man meistens nicht als Jungpflanzen in Gärtnereien oder im Gartencenter. Saatgut gibt es dagegen in den verschiedensten Sorten. Meine Lieblinge werde ich dann selbst vorziehen.

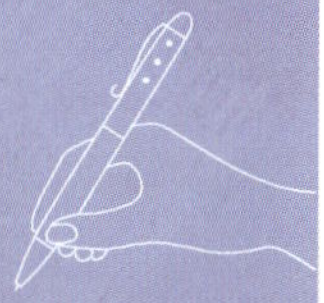

7. Du kannst nicht all dein Lieblingsgemüse und Kräuter im Garten anbauen. Wirst du noch das eine oder andere Gemüse im Topf ziehen?

A Auf jeden Fall. Es gibt viele Gemüsesorten, die sich für den Anbau im Topf eignen.

B Kräuter und Tomaten pflanze ich in Töpfe, die dann ganz in der Nähe der Küche platziert werden. So habe ich schnell alles zur Hand für einen leckeren Salat.

C Wenn ich eine besondere Sorte ausprobieren möchte, pflanze ich sie erst einmal in einen Balkonkasten. Dann habe ich die Pflanzen besser im Blick.

Kreuze die Antworten an und zähle dann durch. Hast du am meisten Antworten A, B oder C?

Typ A
Power Gardener

Für dich ist dein Mischkulturgarten ein Stück Lebensglück. Du arbeitest total gern im Garten und hättest am liebsten so viel Platz wie möglich für Gemüse, Kräuter und Blumen. Vielleicht findest du noch andere Gartenbegeisterte, mit denen du deine Leidenschaft teilen kannst. Deine Familie wird sich über das frische Gemüse und die leckeren Gerichte rund ums Jahr freuen, die ihr gemeinsam kochen und genießen könnt.

Typ B
Lazy Gardener

Dein Garten ist für dich Ausgleich und Entspannung. Du liebst gemeinsame Abende mit Freunden, an denen ihr zusammen kochen und die frischen Produkte genießen könnt. Wenn du eine Familie und Kinder hast, macht bestimmt auch ein Kinder-Naschbeet Freude.

Typ C
Experimental Gardener

Dein Mischkultur-Beet oder -Garten ist dein Experimentierfeld. Du liebst es, Neues auszuprobieren, Sorten zu vergleichen, Aromen zu testen. Neue und alte Sorten und besondere Gemüseraritäten lassen sich im Mischkulturgarten wirklich gut integrieren, weil gerade die Raritäten oft zu seltenen Pflanzenfamilien zählen und sehr gut in den Fruchtwechsel passen. Es gibt spezielle Programme, z.B. Increase CSA, an denen du als Bürgerwissenschaftler teilnehmen und Sorten in deinem Garten testen kannst. Vielleicht ist das eine neue Herausforderung für dich.

Einen Gemüsegarten planen

Kichererbsen, Chili, Paprika und Gurken kommen auch mit viel Sonne zurecht, während Bohnen, Erbsen, Feldsalat und Spinat auch im Schatten gut gedeihen.

TIPP

Apropos Regen und Wasser: Hast du schon eine oder mehrere Regentonnen bereitgestellt, um Regenwasser zum Gießen aufzufangen? Ideal ist im Garten außerdem ein Wasseranschluss, der nicht nur Gießwasser in sehr trockenen Zeiten liefert, sondern auch Wasser, um Geräte zu reinigen, Stiefel gleich draußen zu säubern und Ähnliches.

Nach all der Theorie wird es nun ein wenig praktischer. Geh raus in deinen Garten und schau dich um. Bevor du draußen loslegst, Beete vorbereitest oder Wege anlegst, musst du den Standort des Gartens checken: Liegen die Gemüsebeete in der Sonne, teilweise im Schatten oder sind sie beinahe den ganzen Tag beschattet. Die meisten Gemüse lieben eine gute Mischung. Optimal sind mindestens sechs Sonnenstunden pro Tag.

Boden-Check

Schau dir außerdem die Beschaffenheit des Bodens an. Mehr zum Thema Boden und Erde erfährst du auf Seite 88 und 93. Hier kannst du einen Erdtyp-Test machen. Ein weiterer wichtiger Aspekt sind die regionalen Klimaverhältnisse. Befindest du dich in einer höher gelegenen Region, wird der Frühling später bei dir ankommen als in warmen Regionen des Landes. Das heißt für dich, dass du beispielsweise Frühmöhren nicht schon im Februar aussäen kannst, sondern bis in den März hinein warten musst, bis der Boden sich ein wenig erwärmt hat. In regenreichen Gebieten kommen auch Mangold, Staudensellerie und Pflücksalate gut zurecht, Zucchini und Kürbisse werden hier womöglich krank.

STANDORT-CHECK

1. Wie sind deine Grundvoraussetzungen?

☺ ☹ Gut erreichbar (nah am Haus)

☺ ☹ Naher Wasseranschluss

2. Ist der Garten zugig?

Ja → Pflanze eine Hecke als Windbrecher

Nein → Wunderbar! Du musst nichts tun!

3. Wie ist die Bodenbeschaffenheit?

- [ ] Lehmig
- [ ] Sandig
- [ ] Tonig

Mach den Erdtyp-Test auf Seite 93!

4. Welche Standortbedingungen hast du?

- [ ] Sonnig
- [ ] Halbschattig
- [ ] Schattig

5. Wie groß ist die Fläche, die dir zur Verfügung steht?

____

Kreuze an oder trage ein, wie dein Standort aussieht. Dann skizziere deinen Gartenplan auf der nächsten Seite.

6. Wie viel Zeit möchtest du im Garten verbringen?

- [ ] 1–2 Stunden pro Woche
- [ ] 3–4 Stunden pro Woche
- [ ] 5+ pro Woche

7. Wie viele Beete willst du anlegen?

→ Denke auch an Platz für die Wege zwischen den Beeten!

____

Damit du von beiden Seiten drankommst, sollten die Beete nicht breiter als 1,20 m sein. Bei einer Wegbreite von ca. 60–80 cm kommst du auch mit einem Schubkarren noch leicht durch.

SO KÖNNTE DEIN GARTENPLAN AUSSEHEN

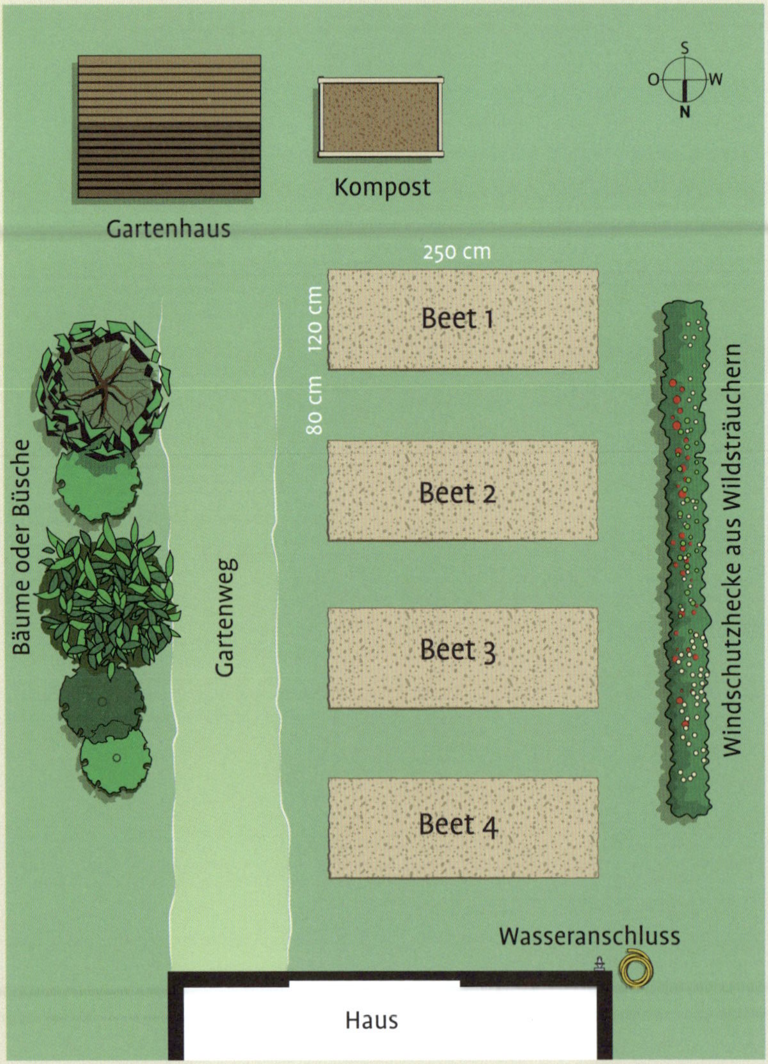

DEIN GARTENPLAN

Zeichne hier deinen eigenen Gartenplan ein!

Schritt 1

Skizziere deinen Garten mit allen bereits vorhandenen Hecken, Büschen, Bäumen, Gartenwegen und vor allem den Wasseranschlüssen.

Schritt 2

Markiere, wohin du die Beete setzen möchtest und wie viele es werden sollen. Denke auch an die Wege zwischen den Beeten und die Nähe zu einem Wasseranschluss!

Der Standort-Check hilft dir dabei!

Ist dein Gartenplan schon voll? Hier findest du diese Seite zum Download:

Draußen loslegen

Jetzt heißt es Ärmel hochkrempeln und machen. Wenn dein Gartenbeet oder mehrere Gemüsebeete schon vorhanden sind, kannst du diesen Schritt überspringen. Legst du den Gemüsegarten aber neu an, dann gibt es hier jede Menge Tipps.

Das brauchst du

- ○ Spaten
- ○ Grabegabel
- ○ Seile
- ○ Pfosten
- ○ Hackschnitzel
- ○ Meterstab
- ○ Handschuhe
- ○ Wasserwaage
- ○ Beetkanten, z.B. aus Holzlatten, Steinen oder Metall

Ist noch Rasen oder Wiese vorhanden, wo später Gemüse wachsen soll, musst du jetzt ausmessen und den Rasensoden mit einem Spaten abstechen, Kanten setzen, Wege anlegen und vielleicht auch schon Beetkanten. Das ist zwar kein Muss, aber ziemlich nützlich. Durch die Abgrenzung verhinderst du, dass Gras in die Beete wächst und die Beete in Form bleiben.

So geht's Schritt für Schritt

→ Gelände einmessen und abstecken.

→ Rasensoden abstechen, wenn du ein Stück Rasen oder Wiese zu einer Gemüsefläche umfunktionieren willst. Der Rasen kann kompostiert werden.

→ Beete abmessen – sie sollten nicht breiter als 1,20 m sein – und mit Holzlatten oder Seilen markieren. Bewährt haben sich rechteckige Beete, sie können aber auch quadratisch sein.

→ Wege markieren – sie sollten ca. 40–50 cm breit sein. Fürs Erste kannst du mit Hackschnitzel auslegen, damit die Wege gut zu sehen sind.

→ Beetkanten anlegen.

Beetkanten-ABC

Holzeinfassungen können z.B. aus Brettern oder Rundhölzern bestehen. Sie werden abgemessen, die Erde entlang der Beetkante etwa 10 cm tief ausgehoben, das Holz eingesetzt und fest angedrückt.
Ähnlich verfährst du mit Steinen. Die Erde an der Beetkante entlang wird entsprechend der Steingröße ausgehoben und vor dem Setzen der Steine etwas Sand in den Graben gefüllt. Mit einem Gummihammer kannst du die Steine ausrichten und in die Zwischenräume noch etwas Sand füllen.
Flexible Beetkanten aus Metall sind teurer, aber leicht zu handhaben. Sie werden am Beetrand entlanggeführt, leicht eingeklopft und können dann z.B. mit Erdankern fixiert werden.

Hast du etwas Zeit und willst dich nicht so anstrengen, dann kannst du alternativ das Gras mit unbedruckter Pappe abdecken, 10–15 cm Kompost oder Gartenerde darauf schichten und zwei Wochen abwarten, bevor du aussäst oder pflanzt.

TO DO-LISTE

- ○ Material zurechtlegen
- ○ Einmessen, abmessen, Wege markieren
- ○ Boden umgraben oder mit einer Grabegabel lockern
- ○ Beete einfassen

TIPP

Plane als Beetkante einen Schneckenschutzzaun ein. Da gibt es eine große Auswahl, die du in Baumärkten und Gartencentern bekommst.

Vom Papier aufs Beet

Die Beete hast du schon abgemessen; wie viel sind es?

Plane auch mehrjähriges Gemüse ein, z. B. Rhabarber oder Winterheckezwiebeln. Das Staudengemüse setzt du am besten an den Beetrand, wo es über mehrere Jahre bleiben kann.

Idealerweise hast du mindestens vier Beete, denn dann klappt der Fruchtwechsel inkl. einer Gründüngung gut, genauso wie die Einteilung in die Nährstoffgruppen Starkzehrer, Mittelzehrer oder Schwachzehrer. Je mehr Beete, umso mehr kannst du anbauen. Es ist aber auch überhaupt kein Problem, wenn du nur ein oder zwei Beete hast. Dann wechselst du die Nährstoffgruppen und Pflanzenfamilien jedes Jahr und rotierst nicht innerhalb der Beete. Ein Jahr nur Gründüngung muss dann auch nicht unbedingt sein, bei einem Mischkulturbeet ist so viel Abwechslung, auch durch Vor- und Nachkulturen, dass der Boden sicher gesund bleibt.

Ein Beet

Im Jahreswechsel:

Jahr 1	Starkzehrer
Jahr 2	Mittelzehrer
Jahr 3	Schwachzehrer
Jahr 4	Starkzehrer

Vier Beete oder mehr

Jahr 1		Jahr 2	
Beet 1	Starkzehrer	Beet 1	Gründüngung
Beet 2	Mittelzehrer	Beet 2	Starkzehrer
Beet 3	Schwachzehrer	Beet 3	Mittelzehrer
Beet 4	Gründüngung	Beet 4	Schwachzehrer

Die Einteilung

Eine ausgewogene Mischung aus Stark-, Mittel- und Schwachzehrern ist wichtig. Übermäßig viele Starkzehrer sollten es nicht sein, weil sie doch sehr viele Nährstoffe im Boden verbrauchen, und es soll ja auch noch etwas übrigbleiben. In diesem Zusammenhang ist Düngung ein wichtiges Thema. Das Gemüse entzieht mehr oder weniger viele Nährstoffe, die u. a. durch richtiges Düngen wieder zugeführt werden sollten. Mehr dazu erfährst du auf den Seiten 102 und 103.

Für deinen Beetplan brauchst du außerdem noch Informationen darüber, wie viel Platz das jeweilige Gemüse im Beet beansprucht. Die Tabelle auf S. 138 gibt dir Auskunft.

Eine Aussaat-, Pflanz- und Erntetabelle findest du auf den Seiten 138 bis 139.

Schritt für Schritt zum Beetplan auf Papier

→ Überlege dir Symbole für die Gemüsepflanzen. Beispielsweise kannst du die Früchte symbolisch verwenden und sie gleichzeitig so kennzeichnen, dass du weißt, es handelt sich z.B. bei der Tomate um einen Starkzehrer. Das können farbig hinterlegte Früchte sein oder zusätzliche Symbole, wie St, M, S.

→ Für große Pflanzen wie Kürbisse, die viel Platz beanspruchen, kannst du die Symbole größer darstellen.

→ Kommt eine Reihe Radieschen oder Salat aufs Beet, kann das auch als gepunktete Linie in unterschiedlichen Farben dargestellt werden.

→ Für jedes Beet brauchst du im Jahr meistens drei Vorlagen, um auch die Vor- und Nachkultur zu berücksichtigen.

→ Zeichne zuerst auf jedem Beet die Hauptkulturen ein. Steht der Belegungsplan, kannst du zusätzlich noch eine Art Pflanz- und Erntekalender anfertigen, in dem du notierst, wann das Gemüse ausgesät und wann es geerntet werden soll. Eine Spalte kannst du für eigene Notizen verwenden und eintragen, wann du tatsächlich gesät, gepflanzt und geerntet hast.

→ Notiere dir auch gleich zu jedem Gemüse die besten Pflanzpartner.

Mach dich bloß nicht verrückt, wenn du nicht alles perfekt hinbekommst. Einen makellosen Plan gibt es nicht, du musst immer irgendwo Kompromisse machen. Das ist wie im Leben. Klopf dir ruhig ab und zu auf die Schultern: Du bist gut, in allem was du tust.

SO KÖNNTE DEIN BEETPLAN AUSSEHEN

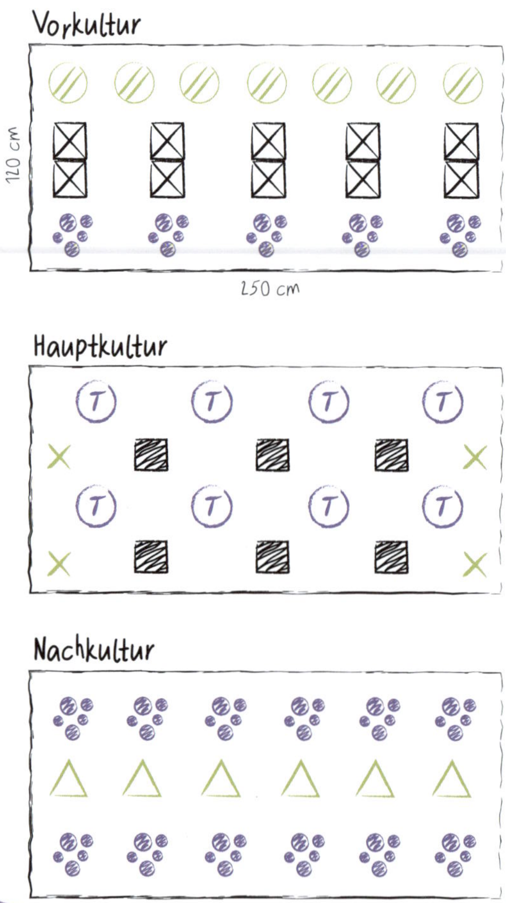

Verschiedene Symbole helfen beim Erstellen des Beetplans.

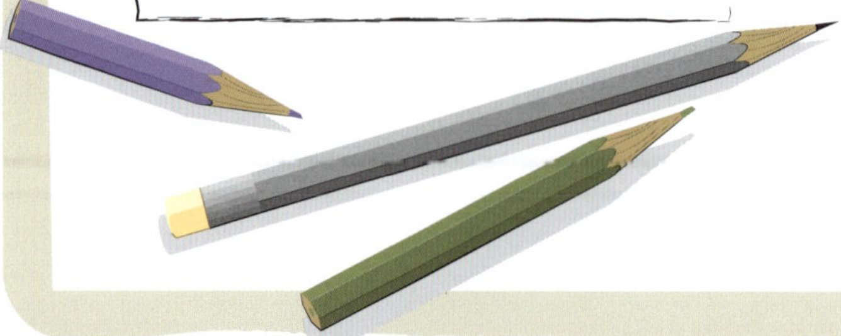

Pflanzabstand: in der Reihe/zwischen den Reihen

Symbole	Gemüse/Kräuter	Pflanzabstand	Voranzucht (Monat)	Januar	Februar	März	April	Mai	Juni	Juli	August	September	Oktober	November	Dezember
Vorkultur															
	Blatt-salat (A)	5 x 20 cm	–				Aussaat	Ernte							
	Kohlrabi (P)	25 × 30 cm	Februar			Auspflanzung	Auspflanzung	Ernte							
	Spinat (A)	5 ×25 cm	–			Aussaat	Aussaat, Ernte	Ernte							
Hauptkultur															
	Lauch (P)	10 × 30 cm	März/ Anfang April					Auspflanzung	Auspflanzung	Ernte	Ernte	Ernte	Ernte	Ernte	Ernte
	Tomaten (P)	60 × 50 cm	März/ Anfang April					Auspflanzung	Auspflanzung	Ernte	Ernte	Ernte	Ernte		
	Basilikum (P)		März					Auspflanzung	Ernte	Ernte	Ernte	Ernte	Ernte		
Nachkultur															
	Winter-portulak (A)	15 × 10 cm	–	Ernte	Ernte	Ernte					Aussaat	Aussaat	Aussaat	Ernte	Ernte
	Spinat (A)	5 ×25 cm	–								Aussaat	Aussaat, Ernte	Ernte		

Aussaat ins Beet · Auspflanzung ins Beet · Ernte

DEIN BEETPLAN

Plane hier dein Beet!

Vorkultur

Hauptkultur

Nachkultur

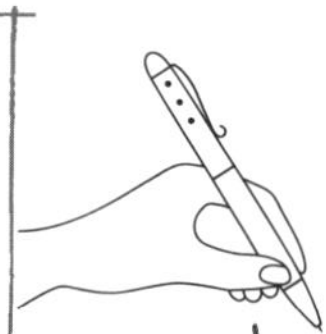

Trage hier ein, was du wann ausgesät, gepflanzt und geerntet hast.

Ist dein Beetplan schon voll? Hier findest du diese Seiten zum Download:

Denke dir ein Symbol aus!

in der Reihe/zwischen den Reihen

Symbole	Gemüse/Kräuter	Pflanzabstand	Voranzucht (Monat)	Januar	Februar	März	April	Mai	Juni	Juli	August	September	Oktober	November	Dezember
Vorkultur															
Hauptkultur															
Nachkultur															

○ Aussaat ins Beet ○ Auspflanzung ins Beet ○ Ernte

Vergib Farben für die einzelnen Tätigkeiten!

Beetplan: Wächst fast von allein

Du kannst ernten:

- [ ] Zuckererbsen
- [ ] Pflücksalat
- [ ] Zucchini
- [ ] Chinakohl
- [ ] Feldsalat
- [ ] Winterportulak

April

→ Den Pflücksalat säst du zuerst. Ziehe zuvor eine 1 cm tiefe Rille in der Mitte des Beetes. Einen Tag vor der Aussaat legst du die Zuckererbsensamen in lauwarmes Wasser; sie keimen dann besser. Sie werden im Abstand 10 cm etwa 3 cm tief in die Erde gesteckt und zwar ca. 10 cm von der Rankhilfe entfernt.

→ Im April kannst du außerdem die Zucchini vorziehen. Zu dicht gesäter Pflücksalat wird ausgedünnt. Dafür ziehst du einzelne Pflänzchen aus der Erde und lässt sie als Mulchmaterial liegen. Der Salat braucht einen Abstand von 15 cm in der Reihe.

TO DO's APRIL

- Rankhilfen aufstellen
- Zuckererbsen quellen lassen
- Zuckererbsen säen
- Pflücksalat säen
- Zucchini vorziehen

Aussaat-, Pflanz- und Erntekalender

	JAN	FEB	MÄRZ	APR	MAI	JUNI	JULI	AUG	SEP	OKT	NOV	DEZ
Zuckererbsen (A)			Aussaat ins Beet	Aussaat ins Beet	Ernte	Ernte	Ernte					
Pflücksalat (A)			Aussaat ins Beet	Aussaat ins Beet	Ernte	Ernte						
Zucchini (P) 'Rondini'				Vorziehen	Auspflanzung ins Beet	Auspflanzung ins Beet	Ernte	Ernte	Ernte			
Chinakohl (A)							Aussaat ins Beet	Aussaat ins Beet	Ernte	Ernte	Ernte	
Feldsalat (A)								Aussaat ins Beet	Aussaat ins Beet	Ernte	Ernte	
Winterportulak (A)								Aussaat ins Beet	Aussaat ins Beet	Ernte	Ernte	Ernte

Vorziehen · Aussaat ins Beet · Auspflanzung ins Beet · Ernte

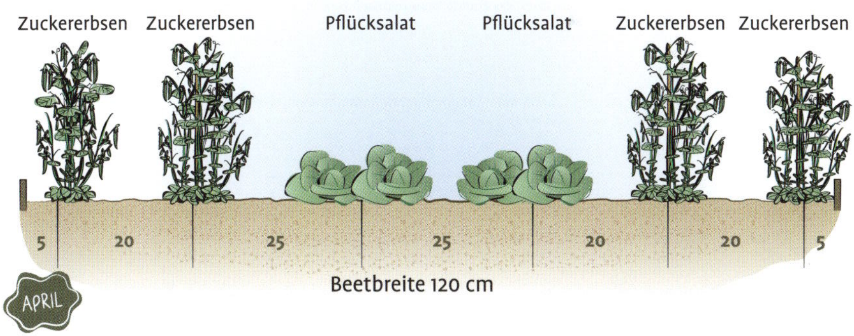

Als Rankhilfen kannst du für die Zuckererbsen lange, stabile Äste verwenden, z. B. Haselnussruten, die beim Schnitt angefallen sind. Sie werden im Abstand von 30 cm zeltartig gegeneinander aufgestellt.

TO DO's MAI

- ◯ Pflücksalat ernten
- ◯ Zuckerschoten ernten
- ◯ Zucchini pflanzen

TO DO's AUGUST

- ◯ Zucchini ernten
- ◯ Chinakohl säen

TO DO's SEPTEMBER

- ◯ Feldsalat säen
- ◯ Winterportulak säen
- ◯ Chinakohl ernten
- ◯ Zucchini ernten

Mai

→ Nach vier bis sechs Wochen kannst du bereits den Pflücksalat ernten, im Juni geht es mit der Zuckerschotenernte los. Ende Mai macht der Pflücksalat Platz für die vorgezogenen Zucchini. Auch die kleiner bleibende Sorte 'Rondini' benötigt in der Reihe mindestens 60 cm Abstand.

August

→ Wo bis August die Zuckerschoten waren, kommt nun Chinakohl hin. Von Ende September bis in den November hinein kannst du den gesunden Kohl ernten.

September

→ Sind Ende September auch die Zucchinifrüchte abgeerntet, können Feldsalat und Winterportulak sich den Platz teilen. Erntezeit von beiden reicht bis in den März hinein.

Daran muss ich noch denken:

___

___

___

___

___

___

___

___

___

___

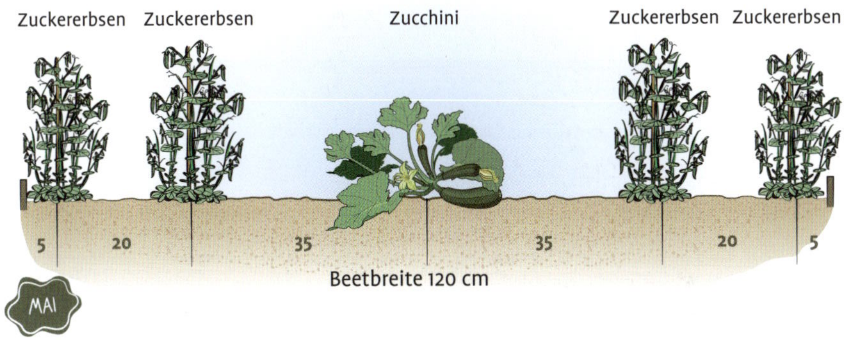

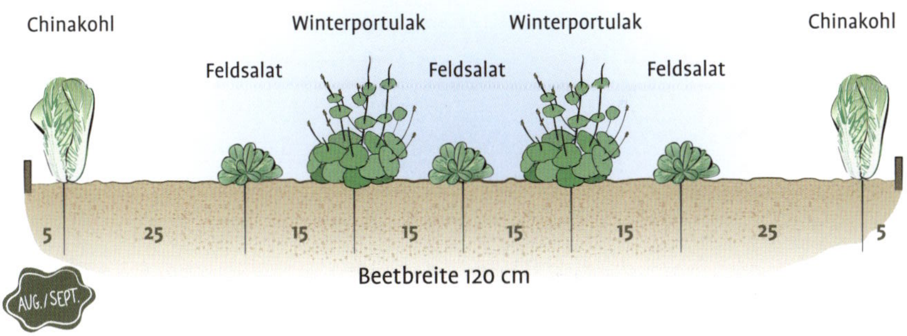

Zuckerschoten werden geerntet, wenn die Hülsen noch ganz flach sind und sich noch keine Körner gebildet haben. Das Zuckerschotenlaub kannst du nach der Ernte zerkleinern und als Mulchmaterial zwischen den Gemüsereihen verteilen.

Fruchtwechsel im 2. Jahr

Du kannst ernten:

- [ ] Zwiebeln
- [ ] Pastinaken
- [ ] Radieschen
- [ ] Schnitt- & Pflücksalat
- [ ] Rote Bete
- [ ] Knoblauch
- [ ] Spinat
- [ ] Asiasalate

TO DO's MÄRZ

- Salat im Februar/März vorziehen
- Pastinaken- und Radieschensamen mischen
- Pastinaken und Radieschen säen
- Steckzwiebeln stecken
- Schnitt- & Pflücksalat pflanzen
- Rote Bete vorziehen

März

→ Schnittsalat kannst du erst ab Ende April ins Freiland säen, im März können aber schon Jungpflanzen ins Beet kommen. Entweder ziehst du sie aus Samen vor oder kaufst den Pflücksalat. Ende März, wenn der Boden sich erwärmt hat, kannst du die Steckzwiebeln etwa 3 cm tief in den Boden stecken. Die Spitze zeigt dabei immer nach oben und sollte noch ein kleines bisschen zu sehen sein.

→ Pastinaken keimen langsam, deshalb lohnt sich eine Mischung mit Radieschen, die sich schnell entwickeln und die Reihen anzeigen. Bis sich die Pastinaken ausbreiten, sind die Radieschen geerntet.

Aussaat-, Pflanz- und Erntekalender

	JAN	FEB	MÄRZ	APR	MAI	JUNI	JULI	AUG	SEP	OKT	NOV	DEZ
Steckzwiebeln (P)			Auspflanzung ins Beet	Auspflanzung ins Beet				Ernte	Ernte			
Pastinaken (A)			Aussaat ins Beet	Aussaat ins Beet				Ernte	Ernte			
Radieschen (A)			Aussaat ins Beet	Ernte	Ernte							
Schnitt- & Pflücksalat (A)		Vorziehen	Vorziehen, Auspflanzung ins Beet	Ernte	Ernte							
Rote Bete (P)			Vorziehen	Auspflanzung ins Beet	Auspflanzung ins Beet		Ernte	Ernte				
Knoblauch (P)			Auspflanzung ins Beet	Auspflanzung ins Beet					Ernte	Ernte		
Spinat (A)			Aussaat ins Beet	Aussaat ins Beet	Ernte	Ernte		Aussaat ins Beet	Aussaat ins Beet	Ernte	Ernte	
Asiasalate (A)	Ernte	Ernte	Aussaat ins Beet	Aussaat ins Beet	Ernte	Ernte		Aussaat ins Beet	Aussaat ins Beet	Ernte	Ernte	

Vorziehen · Aussaat ins Beet · Auspflanzung ins Beet · Ernte

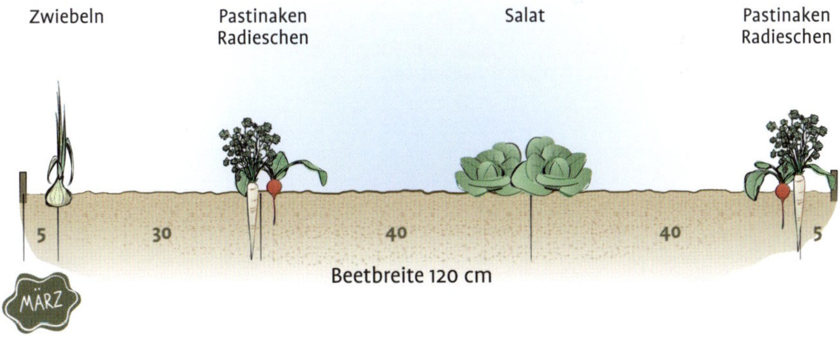

Dill hat eine ziemliche lange Keimphase und keimt, ähnlich wie Salat, nicht bei Temperaturen über 20 °C. Willst du auf Nummer sicher gehen, ziehst du die Pflanzen ab März im Haus vor und pflanzt sie dann Anfang Mai zwischen den Salat. Alternativ mischst du Salatsamen mit Dillsamen und säst bereits im April aus.

April

→ Salat und Radieschen sind erntereif. Die Radieschen machen Platz, damit die Pastinaken sich ausbreiten können, der Schnittsalat weicht der Rote Bete. Sie bilden eine sehr gute Mischkultur mit Knoblauch.

September

→ Sind Rote Bete und Knoblauch geerntet, kannst du zwischen die Pastinaken noch Spinat und Asiasalate säen, die schon im Oktober erntereif sind. Bei frostfreiem Wetter kannst du Asiasalate bis in dem März hinein ernten, sie vertragen Kälte bis -10 °C. Ganz nach Bedarf holst du mit einer Grabegabel vorsichtig die Pastinakenwurzeln aus der Erde. Sie werden dir bis zum März frisches Gemüse liefern.

TO DO's APRIL

- Salat ernten
- Radieschen ernten
- Rote Bete pflanzen
- Knoblauch stecken

TO DO's SEPTEMBER

- Spinat säen
- Asiasalat säen
- Knoblauch ernten
- Rote Bete ernten
- Pastinaken ernten
- Steckzwiebeln ernten

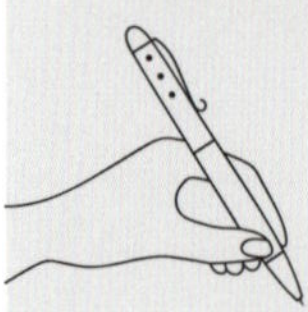

Schreibe auf!

Nicht vergessen:

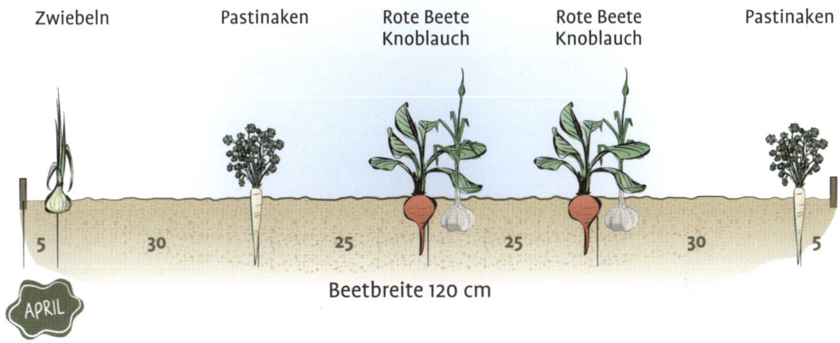

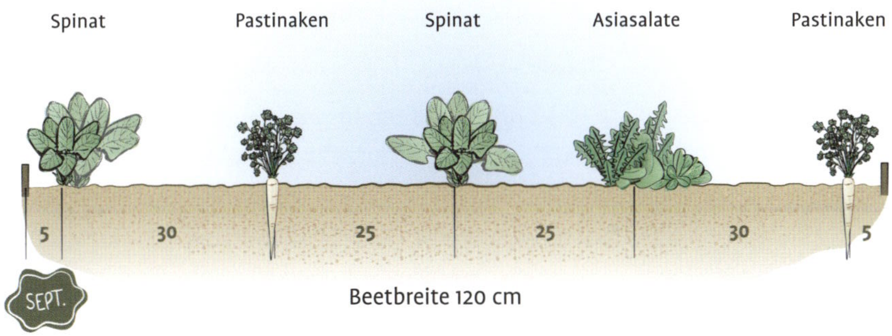

Dein Knoblauch ist erntereif, wenn die meisten Blätter verwelkt sind. Jetzt kannst du loslegen.

Fruchtwechsel im 3. Jahr

Du kannst ernten:

- [ ] Möhren
- [ ] Kohlrabi
- [ ] Mangold
- [ ] Buschbohnen
- [ ] Spargelsalat
- [ ] Winterkresse
- [ ] Bohnenkraut

TO DO's MÄRZ

- Kohlrabi im Januar vorziehen
- Mangold vorziehen
- Bohnenkraut vorziehen
- Möhren säen
- Kohlrabi pflanzen

März

→ Kohlrabi können im März noch nicht im Freiland gesät werden, die Jungpflanzen überstehen aber auch niedrigere Temperaturen. Frühe Möhren sind robuster, du kannst aber das Beet mit einem Kälteschutzvlies abdecken, wenn es kälter als 10 °C draußen ist. Unter so einem Vlies ist es wärmer und das ist gut fürs Wachstum der Pflanzen.

→ Und wenn du Ende April schon ein paar Möhren und Kohlrabi für die Küche brauchst, nimm ruhig die jungen Pflanzen. Sie schmecken herrlich. Bei Möhren und Kohlrabi kannst du übrigens das Laub auch verarbeiten. Probier' es aus.

Aussaat-, Pflanz- und Erntekalender

	JAN	FEB	MÄRZ	APR	MAI	JUNI	JULI	AUG	SEP	OKT	NOV	DEZ
Möhren, früh (A)			Aussaat ins Beet	Aussaat ins Beet	Ernte	Ernte						
Kohlrabi (P)	Vorziehen	Vorziehen	Auspflanzung ins Beet	Auspflanzung ins Beet	Ernte	Ernte						
Mangold (P)			Vorziehen	Auspflanzung ins Beet	Auspflanzung ins Beet	Auspflanzung ins Beet	Ernte	Ernte	Ernte	Ernte	Ernte	Ernte
Buschbohnen (A)					Aussaat ins Beet	Aussaat ins Beet		Ernte	Ernte			
Bohnenkraut, einjährig (P)			Vorziehen	Vorziehen	Auspflanzung ins Beet	Auspflanzung ins Beet	Ernte	Ernte	Ernte			
Spargelsalat (P)				Vorziehen	Vorziehen	Auspflanzung ins Beet	Auspflanzung ins Beet	Auspflanzung ins Beet	Ernte	Ernte	Ernte	
Winterkresse (A)	Ernte	Ernte	Ernte	Ernte				Aussaat ins Beet	Aussaat ins Beet	Ernte	Ernte	Ernte

Vorziehen · Aussaat ins Beet · Auspflanzung ins Beet · Ernte

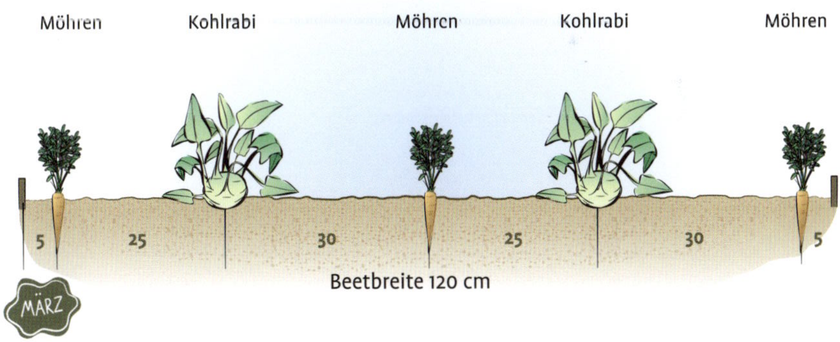

Spargelsalat zählt zwar auch zur Familie der Korbblütler, die Besonderheit ist aber, dass man ihn „schießen" lässt und später die dicken Stängel erntet, aber auch die Blätter. Sie schmecken tatsächlich ein wenig wie Spargel und können auch so zubereitet werden. Jungpflanzen gibt es nur selten zu kaufen, am besten ziehst du die Samen vor.

Mai

→ Das Beet wird bis Ende Mai komplett abgeerntet, dann kommt eine neue Mischkultur dazu. Als Hauptkultur im 3. Anbaujahr dient der Schwachzehrer Buschbohne. Die Bohnen lassen sich prima mit einjährigem Bohnenkraut kombinieren. Dafür pflanzt du zwischen die Bohnen alle 15 cm ein Bohnenkraut.

August

→ Schneidest du beim Mangold nur die äußeren Blätter ab, kannst du bis lange in den Winter hinein ernten. Spargelsalat und Winterkresse sind pflegeleicht. Ist dir die Voranzucht von Spargelsalat zu aufwendig, kannst du auf dem freien Platz Winterkresse aussäen.

TO DO's MAI

- ○ Möhren ernten
- ○ Kohlrabi ernten
- ○ Mangold pflanzen
- ○ Buschbohnen säen
- ○ Bohnenkraut pflanzen
- ○ Spargelsalat vorziehen

TO DO's AUGUST

- ○ Buschbohnen ernten
- ○ Bohnenkraut schneiden
- ○ Mangold ernten
- ○ Spargelsalat pflanzen
- ○ Winterkresse säen

Nicht vergessen:

____

____

____

____

____

____

____

____

____

____

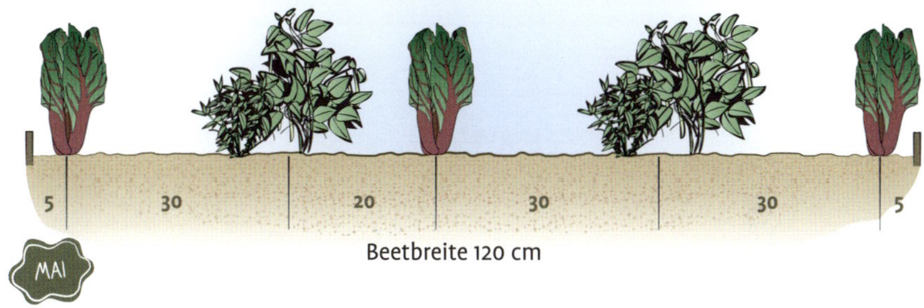

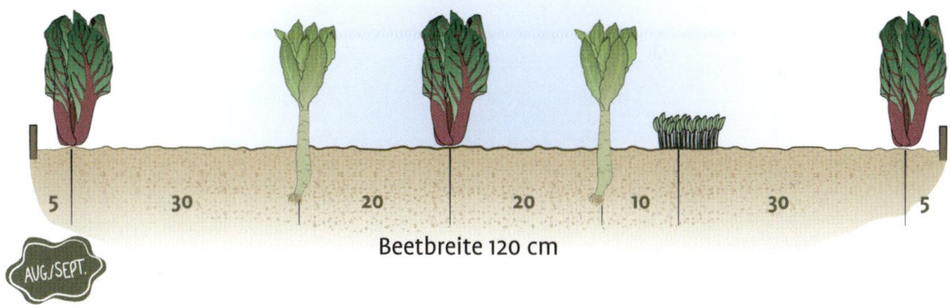

Bohnen können in Reihen gesät oder in Horstsaat ausgelegt werden. Dafür gräbst du alle 30 cm ein 2–3 cm tiefes Loch in das du 4 Bohnensamen legst. So stellst du sicher, dass bei verkrustetem Boden einige Keimlinge mit gemeinsamer Kraft die Erde durchstoßen. Wird nicht vereinzelt, können sich die Pflanzen gegenseitig stützen.

Beetplan: Die Mischung macht's

Du kannst ernten:

- [ ] Spinat
- [ ] Kohlrabi
- [ ] Lauch
- [ ] Tomaten
- [ ] Winterportulak
- [ ] Kamille

TO DO's MÄRZ

- Kohlrabi im Januar vorziehen
- Spinat säen
- Kohlrabi pflanzen
- Tomaten vorziehen
- Lauch vorziehen

März

→ Bei guter Witterung und wenn sich der Boden schon leicht erwärmt hat, beginnt die Aussaat von Spinat. Im März solltest du eine frühe Sorte wählen, die bei der noch kürzeren Tageslänge nicht gleich schießt, also in die Höhe wächst und Blüten bildet. Übrigens können auch hohe Temperaturen und Trockenheit einen Anreiz zur Blütenbildung für die Pflanzen geben. In Zeiten des Klimawandels und mit häufigen Trockenzeiten auch im Frühjahr solltest du darauf achten, dass der Spinat ausreichend Feuchtigkeit bekommt.

Aussaat-, Pflanz- und Erntekalender

	JAN	FEB	MÄRZ	APR	MAI	JUNI	JULI	AUG	SEP	OKT	NOV	DEZ
Spinat (A)			Aussaat ins Beet	Aussaat ins Beet	Ernte	Ernte		Aussaat ins Beet	Aussaat ins Beet	Ernte	Ernte	
Kohlrabi (P)	Vorziehen	Vorziehen	Auspflanzung ins Beet	Auspflanzung ins Beet	Ernte	Ernte						
Lauch (P)			Vorziehen	Vorziehen	Auspflanzung ins Beet	Auspflanzung ins Beet			Ernte	Ernte	Ernte	Ernte
Tomaten (P)			Vorziehen	Vorziehen	Auspflanzung ins Beet	Auspflanzung ins Beet	Ernte	Ernte	Ernte			
Winterportulak (A)	Ernte	Ernte	Ernte					Aussaat ins Beet	Aussaat ins Beet	Ernte	Ernte	Ernte
Wintersteck-zwiebel (P)						Ernte	Ernte	Ernte	Auspflanzung ins Beet	Auspflanzung ins Beet		
Kamille (A)					Aussaat ins Beet	Aussaat ins Beet	Ernte	Ernte	Ernte			

Vorziehen · Aussaat ins Beet · Auspflanzung ins Beet · Ernte

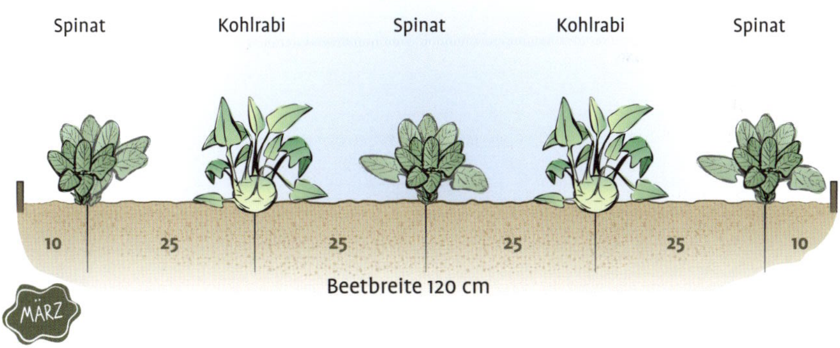

Wenn du besondere Tomatensorten pflanzen und ausprobieren möchtest, dann bekommst du die meist nicht als Jungpflanzen in Gärtnereien oder im Gartencenter. Die Sortenauswahl ist beim Saatgut allerdings riesengroß. Es gibt viele namhafte Bio-Saatgutanbieter, die online deine Lieblingssorten verschicken. Ab Mitte März beginnt die Voranzucht.

Mai

→ Nach sechs bis acht Wochen ist der Spinat ern-tereif. Das Blattgemüse kannst du stehen lassen und Lauch und Tomaten dazwischensetzen. Beginnt der Spinat zu schießen, dient er noch zum Mulchen. Setze zwischen den Lauch im Abstand von 20 cm einige Kamillepflanzen.

September

→ Ab Juli/August beginnt das Tomatenpflücken, im September brauchen die Früchte zum Ausreifen länger, auch erste Lauchstangen kannst du jetzt schon in der Küche verwenden. Du kannst die Büsche vor dem Zwiebelstecken herausziehen und die noch grünen Tomaten abpflücken; sie reifen im Haus nach. Lauch verträgt auch niedrigere Temperaturen.

TO DO's MAI

- ○ Spinat ernten
- ○ Kohlrabi ernten
- ○ Lauch pflanzen
- ○ Tomaten pflanzen
- ○ Kamille säen

TO DO's SEPTEMBER

- ○ Tomaten ernten
- ○ Lauch ernten
- ○ Zwiebeln stecken
- ○ Winterportulak säen
- ○ Kamille ernten

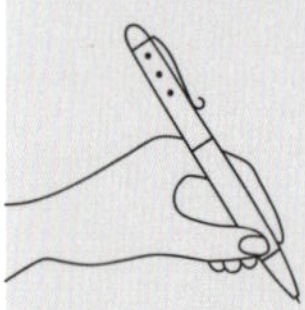

Schreibe auf!

Daran muss ich noch denken:

____

____

____

____

____

____

____

____

____

____

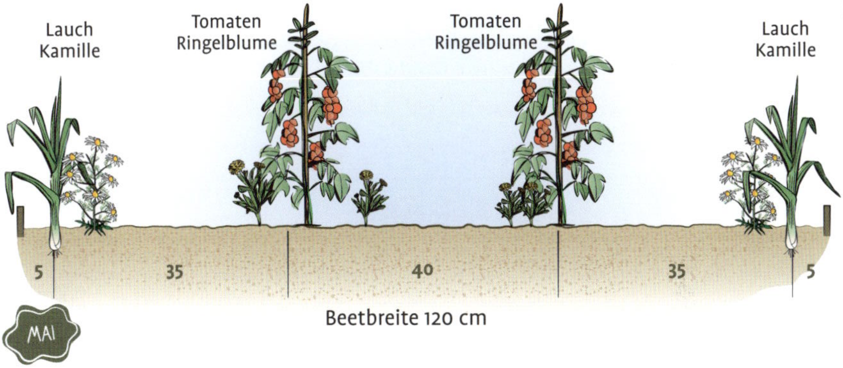

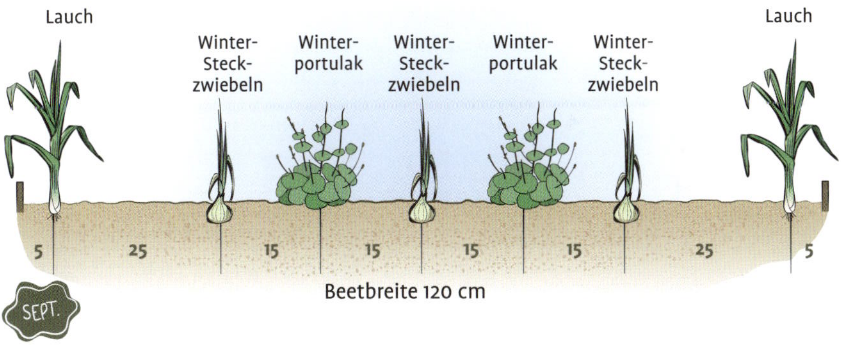

Es gibt ein paar Schädlinge, z. B. die Lauchminiermotte, die dem Lauch zusetzen. Kamille ist deshalb ein guter Beetpartner, weil sie die Schädlinge fernhält. Leg zusätzlich ein Kulturschutznetz über die Pflanzenreihe. Es muss gut am Boden aufliegen und wird nur zum Anhäufeln, Hacken oder Ernten angehoben.

Fruchtwechsel im 2. Jahr

Die Höhe des Rankgitters richtet sich danach, wie hoch die Erbsen wachsen. Als Rankgitter kannst du z. B. ein Ranknetz verwenden, das zwischen zwei Pfosten gespannt ist.

Du kannst ernten:

- [ ] Erbsen
- [ ] Möhren
- [ ] Dill
- [ ] Knollenfenchel
- [ ] Endiviensalat
- [ ] Kopfsalat
- [ ] Stielmus

März

→ Im März wird die Möhren-Dill-Samenmischung ausgesät, im April kommen dann auch die Erbsensamen in die Erde. Zuvor kannst du sie einige Stunden in lauwarmem Wasser einweichen, damit sie besser keimen. Sie werden 3–5 cm tief im Abstand von 3 cm die Erde gelegt. Die großen süßen Samen sind bei Vögeln gern gesehen, am besten deckst du die Reihen mit Zweigen ab, damit die Erbsen nicht stibitzt werden.

→ Die Jungpflanzen kannst du ein wenig anhäufeln. Durch diese Maßnahme bilden sie mehr Wurzeln. Anschließend wird in etwa 10 cm Abstand das Rankgitter gesetzt.

TO DO's MÄRZ

- Möhren und Dillsamen mischen
- Samenmischung säen
- Erbsen säen
- Rankhilfe aufstellen
- Knollenfenchen vorziehen
- Endiviensalat vor ziehen
- Kopfsalat säen

Aussaat-, Pflanz- und Erntekalender

	JAN	FEB	MÄRZ	APR	MAI	JUNI	JULI	AUG	SEP	OKT	NOV	DEZ
Markerbsen, frühe Sorte (A)			Aussaat ins Beet	Aussaat ins Beet	Aussaat ins Beet	Ernte	Ernte					
Möhren, frühe Sorte (A)			Aussaat ins Beet	Aussaat ins Beet	Aussaat ins Beet	Ernte	Ernte					
Dill (A)			Aussaat ins Beet	Aussaat ins Beet	Aussaat ins Beet / Ernte	Ernte	Ernte					
Knollenfenchel (P)			Vorziehen	Vorziehen	Vorziehen	Auspflanzung ins Beet	Auspflanzung ins Beet	Ernte	Ernte			
Endiviensalat (P)			Vorziehen	Vorziehen	Vorziehen	Auspflanzung ins Beet	Auspflanzung ins Beet	Ernte	Ernte			
Kopfsalat (A)			Aussaat ins Beet	Aussaat ins Beet	Ernte	Ernte	Aussaat ins Beet	Ernte	Ernte			
Stielmus (A)									Aussaat ins Beet	Aussaat ins Beet	Ernte	Ernte

Vorziehen · Aussaat ins Beet · Auspflanzung ins Beet · Ernte

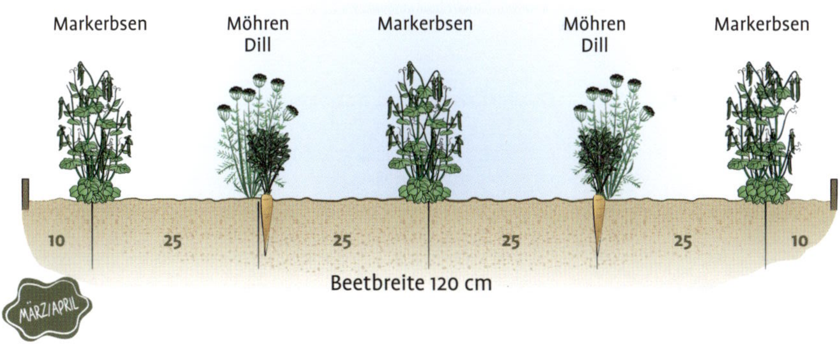

Wenn du besondere Tomatensorten pflanzen und ausprobieren möchtest, dann bekommst du die meist nicht als Jungpflanzen in Gärtnereien oder im Gartencenter. Die Sortenauswahl ist beim Saatgut allerdings riesengroß. Es gibt viele namhafte Bio-Saatgutanbieter, die online deine Lieblingssorten verschicken. Ab Mitte März beginnt die Voranzucht.

TO DO's JULI

- Erbsen ernten
- Möhren ernten
- Knollenfenchel pflanzen
- Endiviensalat pflanzen
- Kopfsalat säen
- Dill ernten

TO DO's SEPTEMBER

- Kopfsalat ernten
- Knollenfenchel ernten
- Endivien ernten
- Stielmus aussäen

Juli

→ Knollenfenchel kannst du zwar auch aussäen, eine Pflanzung ist aber sicherer. Wähle für die Sommerpflanzung eine schossfeste Sorte aus, die bei hohen Temperaturen nicht schießt. Immer gut wässern und den Boden mulchen. Pflanze auch die Endivien, sie werden dann schneller erntereif.

September

→ Überall wo Platz ist, z.B. auf der leeren Salatreihe, kommt jetzt Stielmus hin. Die Samen werden sehr dicht gesät, im Abstand von 1–2 cm in eine 1–2 cm tiefe Saatrille. Dadurch bilden sie saftiges Laub, aber keine dicken Wurzeln. Knollenfenchel und Endiviensalat kannst du bis Oktober ernten.

Darauf muss ich achten:

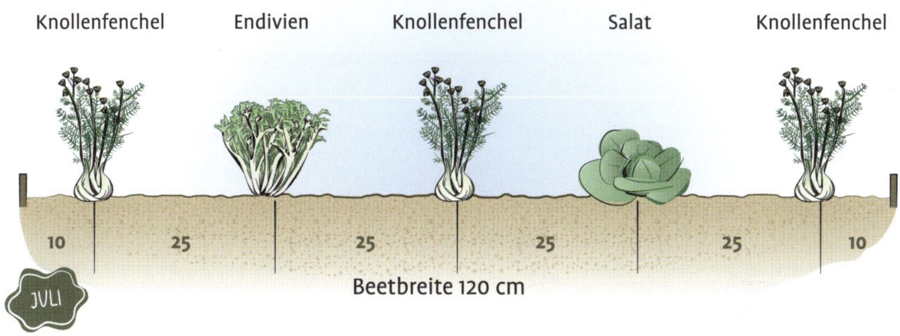

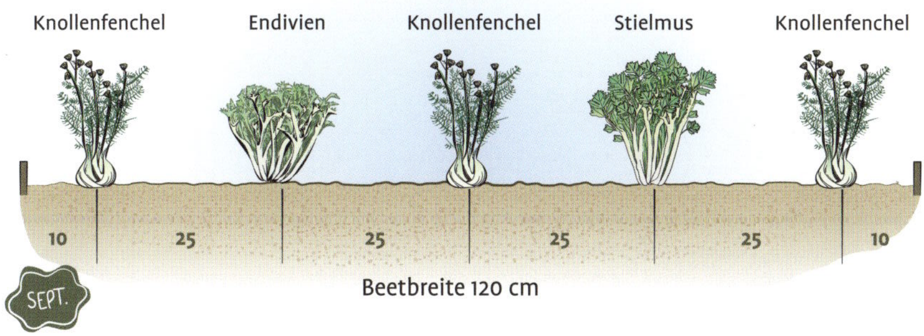

Lass ruhig etwas vom Dill stehen. Reifen die Samen aus, vermehrt sich das Kraut von selbst und taucht da im Garten wieder auf, wo es sich wohlfühlt.

Fruchtwechsel im 3. Jahr

Du kannst ernten:

- [ ] Rettich
- [ ] Radieschen
- [ ] Schnitt- & Kopfsalat
- [ ] Rote Bete
- [ ] Bohnen
- [ ] Feldsalat
- [ ] Knoblauch
- [ ] Bohnenkraut

März

→ Salat, Rettich und Radieschen kannst du gleichzeitig aussäen. Die Samen kommen in etwa 1 cm tiefe Saatrillen und müssen, wenn die Pflänzchen etwa 3 cm hoch geworden sind, vereinzelt werden. Schnittsalat braucht ca. 10 cm Platz in der Reihe, Kopfsalat 20 cm und Rettich hat gerne 15 cm Abstand zur nächsten Pflanze in der Reihe. Radieschen sind da ganz anspruchslos und mit 5 cm zufrieden.

→ Ende März kannst du mit der Voranzucht der Roten Beten beginnen, die im Mai gepflanzt werden. Du kannst aber auch Jungpflanzen kaufen.

TO DO's MÄRZ

- Rettich säen
- Radieschen säen
- Schnitt- & Kopfsalat säen
- Rote Bete vorziehen
- Bohnenkraut vor ziehen

Säe einige Ringelblumensamen zwischen dem Gemüse aus. Das geht ab April, wenn die Temperaturen bei 15 °C liegen.

Aussaat-, Pflanz- und Erntekalender

	JAN	FEB	MÄRZ	APR	MAI	JUNI	JULI	AUG	SEP	OKT	NOV	DEZ
Rettich (A)			Aussaat ins Beet	Aussaat ins Beet	Ernte	Ernte						
Radieschen (A)			Aussaat ins Beet	Aussaat ins Beet	Ernte	Ernte						
Schnitt- & Kopfsalat (A)			Aussaat ins Beet	Aussaat ins Beet	Ernte	Ernte						
Rote Bete (P)			Vorziehen	Vorziehen	Auspflanzung ins Beet	Auspflanzung ins Beet	Ernte	Ernte	Ernte			
Bohnenkraut, einjährig (P)			Vorziehen	Vorziehen	Auspflanzung ins Beet	Auspflanzung ins Beet	Ernte	Ernte	Ernte			
Buschbohnen (A)					Aussaat ins Beet	Aussaat ins Beet	Aussaat ins Beet	Ernte	Ernte	Ernte		
Feldsalat (A)	Ernte	Ernte	Ernte					Aussaat ins Beet	Aussaat ins Beet	Aussaat ins Beet	Ernte	Ernte
Knoblauch (P)						Ernte	Ernte		Auspflanzung ins Beet	Auspflanzung ins Beet		

Vorziehen – Aussaat ins Beet – Auspflanzung ins Beet – Ernte

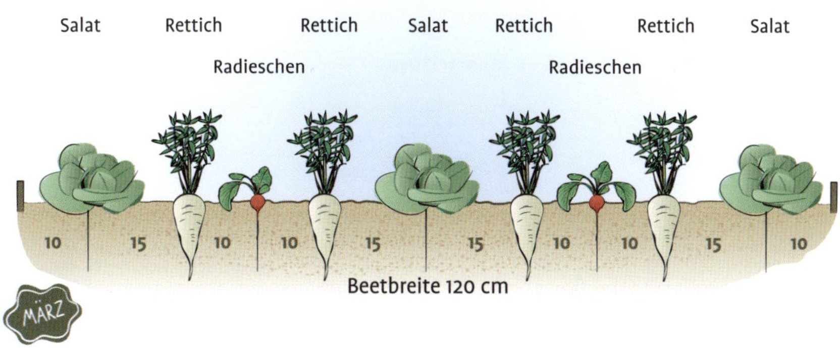

TO DO's JUNI

- Rettich ernten
- Radieschen ernten
- Schnitt- & Kopfsalat ernten
- Rote Bete pflanzen
- Buschbohnen säen
- Bohnenkraut pflanzen

TO DO's SEPTEMBER

- Rote Bete ernten
- Knoblauch pflanzen
- Feldsalat säen

Juni

→ Pflanze als Erstes Rote Bete im Abstand von 10 cm in der Reihe. Bohnen können in der Reihe gesät werden oder als Horstsaat, also mehrere Samen in einer Erdkuhle. Bei Reihenaussaat kommt alle 10 cm ein Samen in die Erde. Lass zwischendrin immer wieder 20 cm Platz, damit du noch einige Pflanzen Bohnenkraut setzen kannst.

September

→ Pflück die Buschbohnen alle zwei bis drei Tage durch, dann bilden sich immer neue Bohnen. Der Abstand zwischen Feldsalat und Knoblauch erscheint etwas eng, allerdings wird der Feldsalat bis zum März geerntet, dann kann sich der Knoblauch bis zur Ernte im Juli gut ausbreiten.

Das ist wichtig:

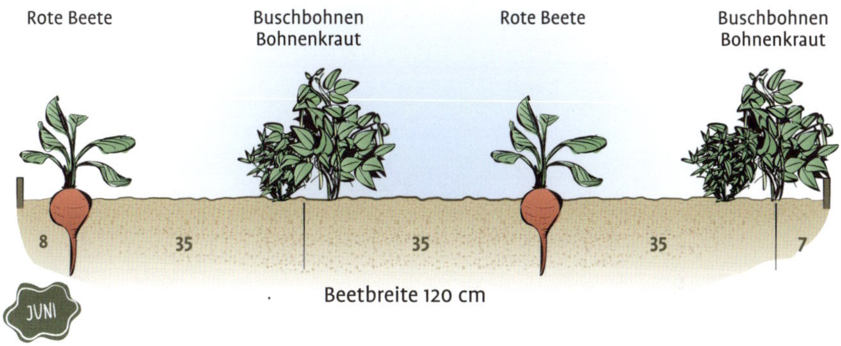

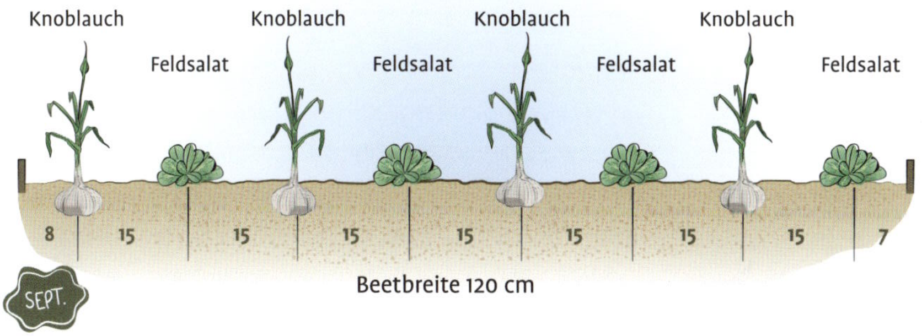

Knoblauchzehen kannst du auch im Herbst oder Frühjahr überall pflanzen, wo Platz ist. Er macht sich sogar im Staudenbeet gut und wird in der Küche immer gebraucht.

Beetplan: Braucht etwas Aufmerksamkeit

Du kannst ernten:

- [ ] Radieschen
- [ ] Kerbel
- [ ] Schnitt- & Pflücksalat
- [ ] Kürbis
- [ ] Mais
- [ ] Stangenbohnen
- [ ] Feldsalat

TO DO's MÄRZ

- Schnitt- & Pflücksalat säen oder pflanzen
- Radieschen säen
- Kerbel säen
- Mais vorziehen
- Kürbis vorziehen

März

→ Bevor die Hauptkultur im Mai aufs Beet kommt, brauchst du jetzt schnell wachsendes Gemüse. Radieschen, Salat und Kerbel geben eine Mischkultur und wachsen zügig heran. Verwende verschiedene Salattypen. Schnell zu beernten sind vor allem Schnitt- und Pflücksalate. Besonders flott geht es mit vorgezogenen Pflanzen. Radieschen kannst du bis Ende April nochmal nachsäen.

→ Zur Vorbereitung auf die Hauptkultur werden Anfang März Mais und Kürbis vorgezogen. Du benötigst von beiden nicht viele Pflanzen, da die beiden Gemüse viel Platz auf dem Beet beanspruchen.

Aussaat-, Pflanz- und Erntekalender

	JAN	FEB	MÄRZ	APR	MAI	JUNI	JULI	AUG	SEP	OKT	NOV	DEZ
Schnitt- & Pflücksalat (A)			Aussaat ins Beet	Aussaat ins Beet	Ernte	Ernte						
Radieschen (A)			Aussaat ins Beet	Aussaat ins Beet	Ernte	Ernte						
Kerbel (A)			Aussaat ins Beet	Aussaat ins Beet	Aussaat ins Beet / Ernte	Aussaat ins Beet / Ernte	Aussaat ins Beet / Ernte	Ernte	Ernte			
Kürbis (P)			Vorziehen	Vorziehen	Auspflanzung ins Beet	Auspflanzung ins Beet		Ernte	Ernte			
Mais (P)			Vorziehen	Vorziehen	Auspflanzung ins Beet	Auspflanzung ins Beet		Ernte	Ernte	Ernte		
Stangenbohnen (A)					Aussaat ins Beet	Aussaat ins Beet	Ernte	Ernte	Ernte			
Feldsalat (A)	Ernte	Ernte	Ernte					Aussaat ins Beet	Aussaat ins Beet	Aussaat ins Beet	Ernte	Ernte

Vorziehen · Aussaat ins Beet · Auspflanzung ins Beet · Ernte

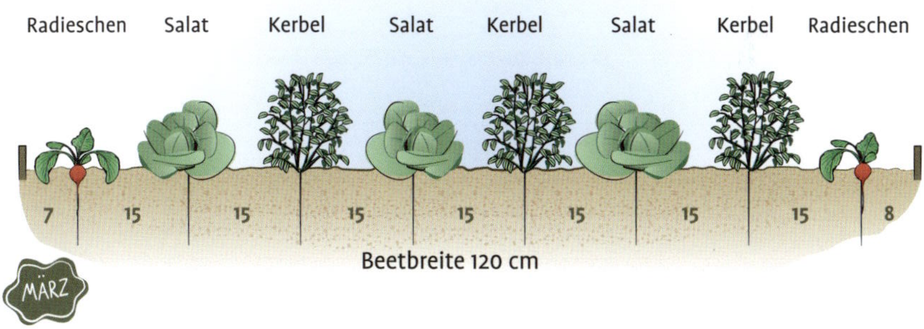

Versuch es mal mit einem Saatband. Da sind die Samen gleich im richtigen Abstand zueinander gelegt. Für Radieschen gibt es sowas. Wenn die Samen keimen, löst sich das Papier auf. Wichtig: Gut angießen!

TO DO'S MAI

- [ ] Schnitt- & Pflücksalat ernten
- [ ] Radieschen ernten
- [ ] Kerbel ernten
- [ ] Mais pflanzen
- [ ] Kürbis pflanzen
- [ ] Stangenbohnen säen

TO DO'S SEPTEMBER

- [ ] Mais ernten
- [ ] Kürbis ernten
- [ ] Stangenbohnen ernten
- [ ] Feldsalat säen

Mai

→ Die drei Schwestern Bohnen, Mais und Kürbis sind eine ganz klassische Mischkultur. Mais dient als Rankgerüst für die Bohnen, Bohnen liefern dem nachfolgenden Gemüse Stickstoff und Kürbis bedeckt den Boden und schützt ihn. Da Bohnen schnell wachsen, lohnt es sich, Mais vorzuziehen und die Bohnen – immer 6 Körner – 2 bis 3 cm tief um die Maispflanzen herum in die Erde zu legen. Die Kürbisse werden an den Rand gesetzt und wachsen ins Beet.

September

→ Ernte erst alle Früchte, bevor du das Beet abräumst. So spät im Jahr passt als Nachkultur Feldsalat gut. Du kannst die Samen breitwürfig verteilen oder in Reihen säen.

Daran muss ich noch denken:

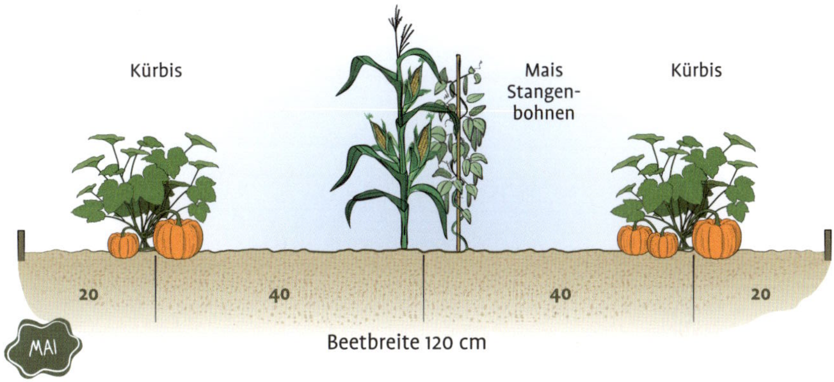

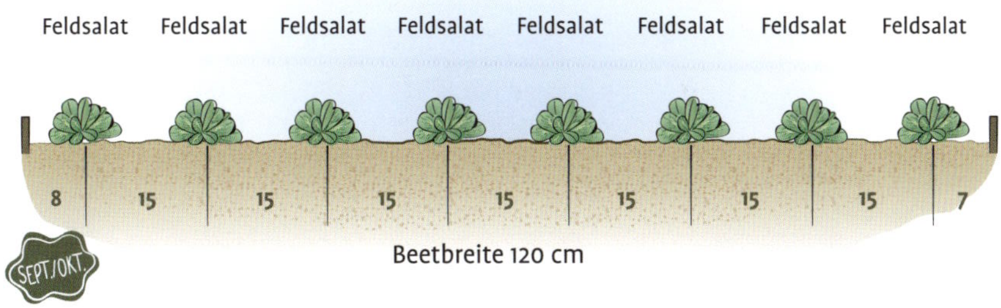

Ist im Mai zur Pflanzzeit noch viel Salat übrig?
Der eignet sich jetzt gut als Mulchmaterial. Also einfach auf dem Beet verteilen.

Fruchtwechsel im 2. Jahr

Du kannst ernten:

- ☐ Erdbeerspinat
- ☐ Frühlingszwiebeln
- ☐ Möhren
- ☐ Rote Bete
- ☐ Grünkohl
- ☐ Spinat
- ☐ Tagetes

TO DO's MÄRZ

- ○ Erdbeerspinat säen
- ○ Frühlingszwiebeln säen
- ○ Möhren säen

TO DO's MAI

- ○ Grünkohl vorzeihen
- ○ Rote Bete vorziehen
- ○ Tagetes vorziehen

März

→ Erdbeerspinat ist ein altes Gemüse, das gut in die Mischkultur passt. Er gehört zur Familie der Fuchsschwanzgewächse und harmoniert mit beinahe allen Gemüsepflanzen im Beet. Der Samen kommt in 2–3 cm tiefe Saatrillen und wird später auf 20 cm in der Reihe vereinzelt.

Mai

→ Im Mai kannst du mit der Voranzucht vom Grünkohl beginnen, Anfang Juni werden Rote Bete in Töpfchen ausgesät – vorausgesetzt du kaufst dir die Jungpflanzen nicht einfach in der Gärtnerei. Gerade in trockenen Regionen und bei immer häufiger auftretenden Trockenphasen ist es meist besser zu pflanzen als ins Beet zu säen.

Aussaat-, Pflanz- und Erntekalender

	JAN	FEB	MÄRZ	APR	MAI	JUNI	JULI	AUG	SEP	OKT	NOV	DEZ
Erdbeerspinat (A)			Aussaat ins Beet	Aussaat ins Beet	Ernte	Ernte	Ernte					
Frühlings-zwiebeln (A)			Aussaat ins Beet	Aussaat ins Beet	Aussaat ins Beet	Ernte	Ernte	Ernte				
Möhren, frühe (A)			Aussaat ins Beet	Aussaat ins Beet	Aussaat ins Beet	Ernte	Ernte					
Rote Bete (P)				Vorziehen	Vorziehen	Auspflanzung ins Beet	Auspflanzung ins Beet	Ernte	Ernte	Ernte		
Grünkohl (P)					Vorziehen	Vorziehen	Auspflanzung ins Beet	Auspflanzung ins Beet	Ernte	Ernte	Ernte	
Spinat (A)								Aussaat ins Beet	Aussaat ins Beet	Aussaat ins Beet	Ernte	Ernte
Tagetes (P)				Vorziehen	Vorziehen	Auspflanzung ins Beet	Auspflanzung ins Beet	Ernte	Ernte			

Vorziehen · Aussaat ins Beet · Auspflanzung ins Beet · Ernte

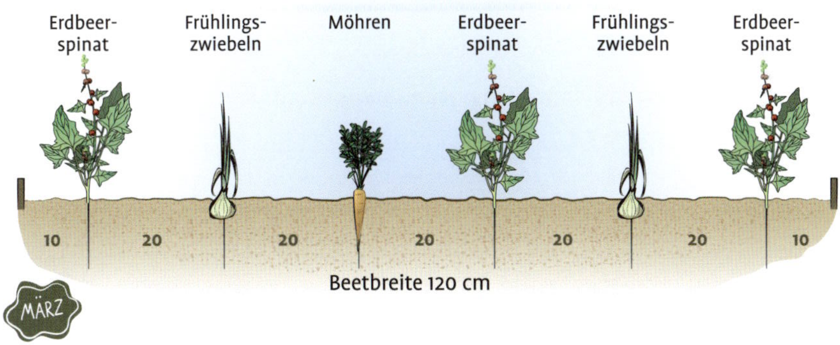

Pflück vom Erdbeerspinat die jungen Blätter ab. Du kannst sie dünsten, roh essen oder für Smoothies verwenden. Die roten Früchte sind nicht wirklich aromatisch, aber essbar, und sie sehen hübsch aus.

TO DO's JULI

- ○ Erdbeerspinat ernten
- ○ Möhren ernten
- ○ Frühlingszwiebeln ernten
- ○ Rote Bete pflanzen
- ○ Grünkohl pflanzen
- ○ Tagetes pflanzen

TO DO's SEPTEMBER

- ○ Rote Bete ernten
- ○ Grünkohl ernten
- ○ Spinat säen

Juli

→ Grünkohl und Rote Bete können zwar auch ausgesät werden, aber eine Pflanzung ist besser. Wenn es im Sommer heiß wird, keimt womöglich der Samen gar nicht. Jungpflanzen sind da schon etwas robuster und lassen sich besser wässern. Gemulchte Beete halten außerdem gut die Feuchtigkeit. Tagetes sind für Grünkohl ein guter Pflanzpartner, denn sie schützen den Kohl vor Kohlhernie.

September

→ In die freigewordenen Rote-Bete-Reihen kannst du jetzt Spinat säen. Sobald die Temperaturen bei 7 °C und darunter liegen, kannst du den Winter über an frostfreien Tagen Grünkohl ernten.

Wichtig: Nicht vergessen!

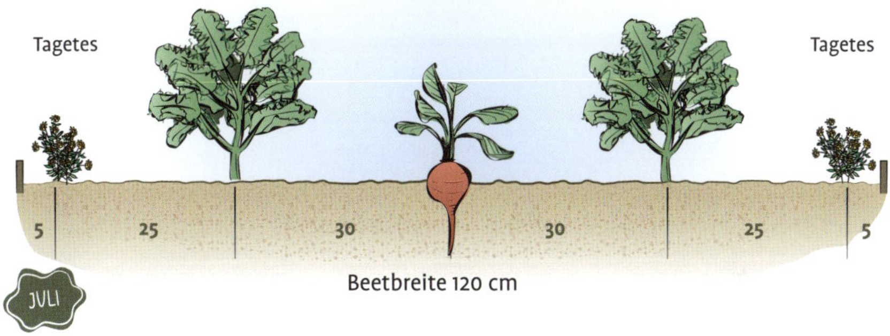

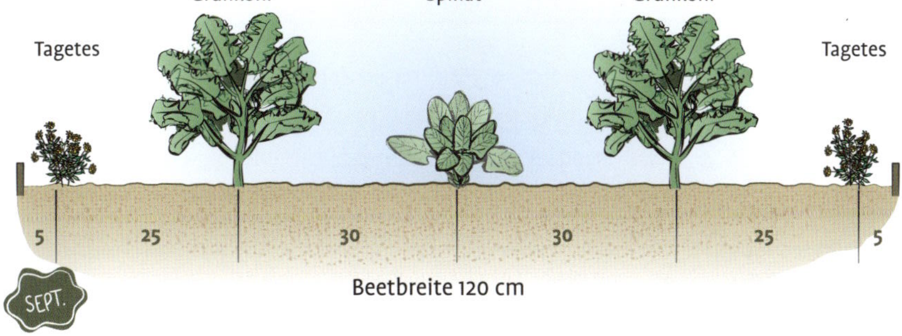

Raupe: Großer Kohlweißling

Raupe: Kleiner Kohlweißling

Deck das komplette Beet mit einem Kulturschutznetz ab. Kohl wird fast immer von Weißen Fliegen und Kohlweißlings-Raupen angeknabbert.

Fruchtwechsel im 3. Jahr

Du kannst ernten:

- ☐ Knollenfenchel
- ☐ Kopfsalat
- ☐ Radieschen
- ☐ Radicchio
- ☐ Winterportulak
- ☐ Asiasalate

Mai

→ Anfang Mai ist es Zeit den vorgezogenen Knollenfenchel auszupflanzen; nicht zu tief setzen, sonst werden die Pflanzen zu lang, bilden aber keine Knollen. Knollenfenchel kannst du auch in 1–2 cm tiefe Saatrillen säen. Halte die Erde bis zum Aufgang der Samen immer feucht.

→ Zwischen die Jungpflanzen vom Kopfsalat kannst du jeweils ein paar Radieschensamen in flache, 1 cm tiefe Reihen säen. Bis der Salat sich ausgebreitet hat, sind die Radieschen schon geerntet.

TO DO's MAI

- ○ Knollenfenchel im März vorziehen
- ○ Knollenfenchel pflanzen
- ○ Kopfsalat pflanzen
- ○ Radieschen säen
- ○ Radicchio vorzeihen

Aussaat-, Pflanz- und Erntekalender

	JAN	FEB	MÄRZ	APR	MAI	JUNI	JULI	AUG	SEP	OKT	NOV	DEZ
Knollenfenchel (P)			Vorziehen	Vorziehen	Auspflanzung ins Beet	Auspflanzung ins Beet	Auspflanzung ins Beet	Ernte	Ernte			
Kopfsalat (A)			Vorziehen	Vorziehen	Auspflanzung ins Beet	Auspflanzung ins Beet	Ernte	Ernte				
Radieschen (A)		Aussaat ins Beet	Ernte	Aussaat ins Beet	Ernte	Aussaat ins Beet	Ernte					
Radicchio (P)				Vorziehen	Vorziehen	Auspflanzung ins Beet	Auspflanzung ins Beet	Ernte	Ernte			
Winterportulak (A)	Ernte	Ernte							Aussaat ins Beet	Aussaat ins Beet	Ernte	Ernte
Asiasalate (A)	Ernte							Aussaat ins Beet	Aussaat ins Beet	Aussaat ins Beet		

Vorziehen · Aussaat ins Beet · Auspflanzung ins Beet · Ernte

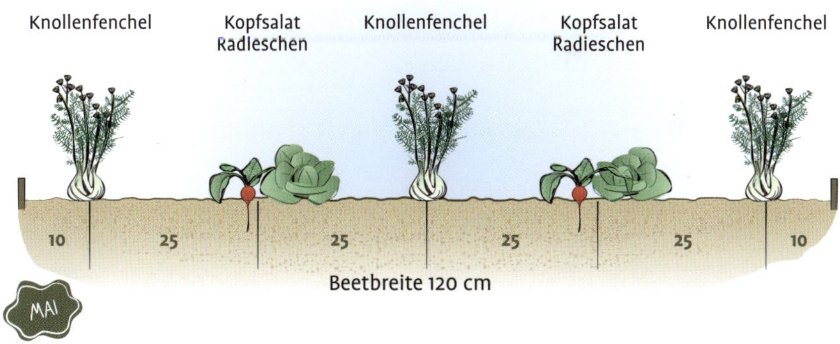

Bis nach den Eisheiligen Mitte Mai kann es nochmal Frostnächte geben. Decke zumindest den Knollenfenchel mit einem Vlies oder Jutesäcken in der Nacht ab.

Juli

→ Salatköpfe und Radieschen machen im Juli Platz für Radicchio-Jungpflanzen. Sie harmonieren gut mit dem Knollenfenchel, der wieder ein wenig mehr Platz hat und sich bis zur Ernte noch gut ausbreiten kann. Ist der Knollenfenchel im September dann vom Beet, kommt neues Gemüse dazu.

September

→ Asiasalat-Saatgut wird in 2 cm tiefe Saatrillen gelegt und später auf 10 cm in der Reihe vereinzelt. Asiasalate halten auch niedrigere Temperaturen aus, du kannst sie noch im November zusammen mit Radicchio ernten. Winterportulak bleibt bis zum Frühjahr stehen.

TO DO's JULI

- [ ] Radieschen ernten
- [ ] Kopfsalat ernten
- [ ] Radicchio pflanzen

TO DO's SEPTEMBER

- [ ] Knollenfenchel ernten
- [ ] Asiasalate säen
- [ ] Winterportulak säen

Mein Memo:

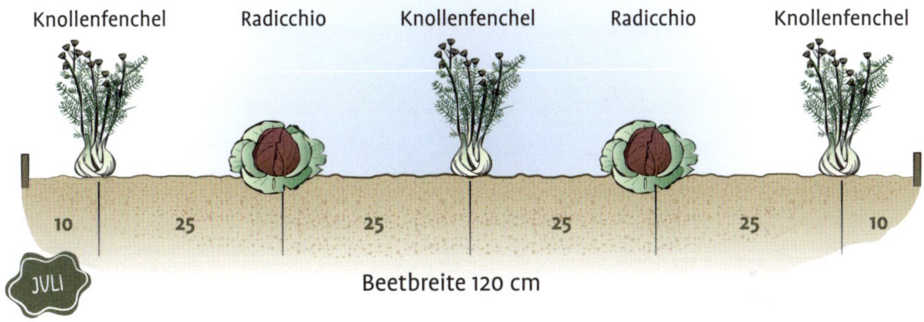

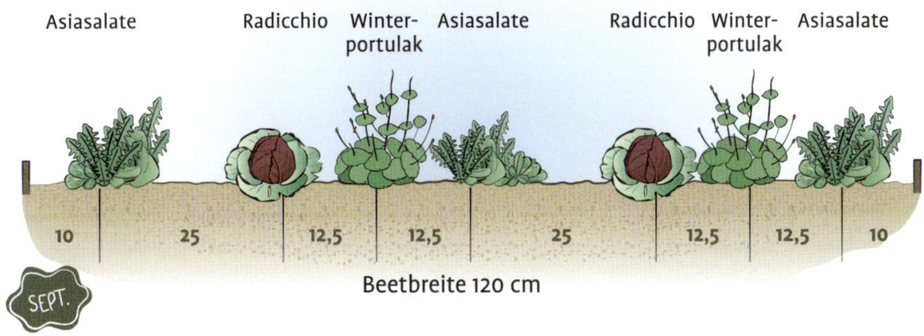

Auch Erdflöhe mögen Asiasalate, sie knabbern Löcher in die Blätter. Es hilft, wenn du regelmäßig den Boden hackst und mulchst. Auch Kalken mit Gesteinsmehl hält Erdflöhe ab.

LEVEL 3

SO WIRD WAS DRAUS – anbau, pflege & verarbeitung

Es wird dir unglaublich viel Spaß machen, aus Gemüsesamen Plant-Kids zu ziehen und sie zu pflegen, bis sie in den Garten dürfen. Pflanzen helfen Pflanzen: So stellst du eine Jauche selbst her (siehe Seite 104).

Nachhaltigkeit ist enorm wichtig für dich? Dann werde zum Samengärtner.

INHALT

INHALT	SEITE	GECHECKT
Die **Anzucht**-Challenge	84	☐
Samenfest – was ist das?	86	☐
Das Beet **vorbereiten**	88	☐
Mach den **Erdtyp-Test**	93	☐
Ab in den Garten: **Gemüse pflanzen**, mulchen & düngen	94	☐
So beugst du **Krankheiten** und **Schädlingen** vor	108	☐
Das Beste kommt zum Schluss: **ernten & genießen**	112	☐
Gutes aus **Kräutern**	116	☐

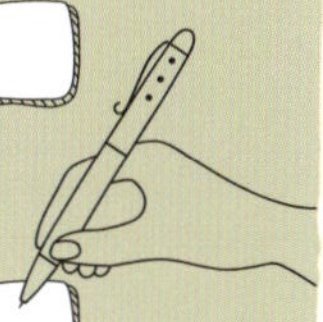

Kreuze die Kästchen an, wenn Du das Thema gelesen hast...

Die Anzucht-Challenge

Da hast du ganz winzige oder auch etwas größere Samen und aus denen werden große Pflanzen, die dir Essbares liefern. Ist das nicht grandios? Du brauchst ein wenig Zeit für die Anzucht, wirst aber mit deinem ganz eigenen Gemüse belohnt. Aber: Hast du keine Zeit, dann mach dir keinen Stress und kauf dir Jungpflanzen in der Gärtnerei in deiner Nähe.

Tomaten, Paprika, Gurken & Co. keimen bei Temperaturen um 22 °C. Nach der Keimung reichen 18–20 °C aus.

Von Anfang an

Was wann ausgesät oder gepflanzt wird, ist eine wichtige Info für deinen Pflanzplan. Verschiedene Gemüsesamen wie die von Möhren, Radieschen und Pflücksalat sind hart im Nehmen und können auch niedrigere Temperaturen überstehen, die Wärmeliebenden wie Paprika, Tomaten und Mais brauchen dagegen ein kuschelig warmes Saatbett, sonst keimen sie erst gar nicht. Möhren lassen sich schlecht vorziehen, ihr Saatgut kommt direkt ins Freiland. Das gilt auch für Bohnen, Pastinaken und Kartoffeln. Paprika, Kürbis und Tomaten kannst du gut vorziehen. Sie dürfen erst ab Mai in den Garten, wenn es nicht mehr friert.

Anzuchterde selbst herstellen

Aus Gartenerde, nicht zu feinem Sand und gut ausgereiftem Kompost zu gleichen Teilen kannst du dir deine Aussaaterde selbst herstellen. Erde und Kompost musst du zuvor sieben und alle groben Teile entfernen. Sie stören bei der Keimung.

Anzuchterde enthält nur wenig Nährstoffe. Stark gedüngte Erde macht die Sämlinge krank.

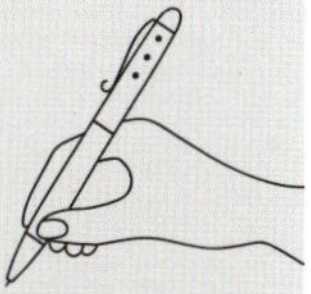

Hake ab,
was du alles schon
zuhause hast.

Schritt für Schritt: Aussaat im Haus

→ Stelle alles, was du brauchst, zusammen und befülle dann die Töpfchen mit Erde. Lass dabei etwas Platz bis zum Topfrand. Stelle die Töpfchen auf einen Untersetzer, damit das Wasser nicht auf die Fensterbank läuft.

→ Drücke nun je einen Samen in die Mitte des Topfes in die Erde, bedecke den Samen mit Erde und drücke alles etwas an. Jetzt musst du nur noch gießen und den Topf mit einer durchsichtigen Plastikfolie abdecken, die nach der Keimung abgenommen wird.

→ Suche einen hellen Platz, damit das Gemüse gut wachsen kann. Bis zum Aufgang solltest du die Erde immer leicht feucht halten.

Das brauchst du für die Aussaat im Haus

- ○ Kleine Töpfe mit Abzugsloch
- ○ Anzuchterde
- ○ Kleine Gießkanne mit Brause
- ○ Durchsichtiges Abdeckmaterial

Schritt für Schritt: Aussaat im Freiland

→ Bereite das Beet für die Aussaat wie bei der Pflanzung (siehe Seite 94) gut vor. Damit die Samen die Erde durchbrechen können, muss das Beet feinkrümelig sein.

→ Markiere die Reihe mit der Pflanzschnur, dann wird sie gerade. Ziehe nun mit dem Hacken- oder Rechenstiel eine kleine Furche entlang der Schnur. Wie tief die Furche sein muss, hängt vom Gemüse ab (siehe Seite 95).

→ Ist die Reihe gezogen, lege die Samen in einem bestimmten Abstand hinein. Damit du nicht zu dicht säst, kannst du eine Aussaathilfe benutzen.

→ Drücke die Samen mit dem Rechenrücken etwas an und ziehe vorsichtig Erde über die Samen. Dann gießt du.

Das brauchst du für die Aussaat im Freiland

- ○ Hacke
- ○ Rechen
- ○ Pflanzschnur
- ○ Gießkanne mit Brause
- ○ Saatgut
- ○ Aussaathilfe

Bis zum Aufgang der Samen solltest du die Erde immer leicht feucht halten.

Es gibt es auch Samen, die mit und ohne Licht keimen. Mangold, Pastinaken und Majoran zählen dazu. Sie werden am besten leicht mit Erde bedeckt.

Was du noch wissen musst

Es ist nicht nur wichtig zu wissen, wann das Gemüse ausgesät werden kann, sondern auch, wie tief der Samen in die Erde kommt und in welchem Abstand er im Garten gesät wird. Was die Saattiefe angeht, kannst du dir ganz grob merken: Je kleiner die Samen, umso flacher werden sie gesät, je größer, umso tiefer. Unter dem Gemüse und den Kräutern gibt es typische Dunkelkeimer, deren Samen unbedingt unter der Erde liegen müssen, und andere, die unter den dunklen Bedingungen gar nicht keimen. Diese sogenannten Lichtkeimer werden entweder direkt in die Saatrille gelegt und vor dem Gießen nur leicht angedrückt oder vor der Aussaat mit etwas Sand gemischt, damit sie nicht zu eng ausgesät werden und im Sand besser keimen können.

Samenfest – was ist das?

Möchtest du einmal selbst Samen ernten und daraus wieder neues Gemüse für den Garten ziehen, solltest du auf samenfestes Material achten, denn nicht aus jedem Samen entwickelt sich eine Pflanze. Bei vielen angebotenen Sorten handelt es sich um Hybridsaatgut, sogenannte F1-Hybride, das zwar im Anbaujahr einen hohen Ertrag liefert, aber häufig unfruchtbare Samen ausbildet. Jetzt wird es ein wenig wissenschaftlich: Bei der Hybridzüchtung werden sogenannte Elternpflanzen auf bestimmte Eigenschaften hin selektiert, z.B. einen hohen Ertrag oder eine gute Trockenheitstoleranz oder auch beides. Werden dann zwei solcher Inzuchtlinien miteinander gekreuzt, entsteht eine F1-Hybride, also z. B. Pflanzen mit einem tollen Ergebnis. Das ist aber nur im ersten Jahr so, es lohnt sich also nicht, die Samen zu ernten, denn viele

Saattiefe einiger Samen

- Spinat 2 cm
- Radieschen 1 cm
- Mangold 2 3 cm
- Rote Bete 2–3 cm
- Feldsalat 1 cm

werden gar nicht keimen und der Ertrag wird stark nachlassen.

Bei samenfesten Sorten ist das anders. Lokalsorten, alte Zuchtsorten und auch Sorten aus biologischer Züchtung geben ihre Eigenschaften von Generation zu Generation weiter. Die Nachkommen ähneln den Eltern.

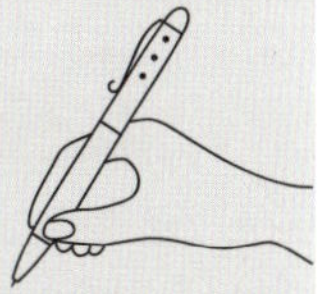

Markiere die Lichtkeimer und die Dunkelkeimer jeweils mit unterschiedlichen Farben. Die Auflösung findest du auf S. 141.

☐ Basilikum

☐ Paprika

☐ Feldsalat

☐ Kürbis

Möhre ☐

Schnellkeimer wie Radieschen und Kresse sind schon wenigen Tagen zu sehen, andere brauchen länger. Möhren und Pastinaken lassen sich drei bis vier Wochen Zeit.

☐ Koriander

Pak Choi ☐

☐ Gurke

Das Beet vorbereiten

In den oberen 30 cm deines Gartenbodens spielt sich das Wurzelleben ab. Vor allem Gemüse wurzelt bis in diese Tiefe, aber auch Blumen und Kräuter. Bis in diese Bodentiefe solltest du also deinen Gartenboden lockern. Bei schweren Böden ist Umgraben eine Option, bei allen anderen Böden bearbeitest du den Boden besser, z.B. mit einem Sauzahn.

Achtung: Bodenleben!

Allerdings ist das so eine Sache mit dem Umgraben: Die meisten Bodenorganismen können nur in einer bestimmten Bodentiefe leben. Werden Bakterien, Pilze und Einzeller, die dicht unter der Bodenoberfläche vorkommen, beim Umgraben in tiefere Bodenschichten befördert, ersticken sie, weil der Sauerstoffgehalt hier zu gering ist. Viele der Organismen aus tieferen Schichten hingegen können an der Oberfläche nicht leben. Das alles ist nicht gut für den Boden.

TIPP

Das Umgraben ist vor dem Winter leichter, weil die groben Erdschollen durch den Frost krümeliger werden. Im Frühjahr brauchst du dann vor dem Säen oder Pflanzen nur noch rechen.

Jäten, lockern ...

Am besten fängst du im Frühjahr, sobald sich der Boden etwas erwärmt hat, mit der Vorbereitung an. Als erstes entfernst du Unkräuter – eine Hacke eignet sich dafür gut – und Steine, dann wird der Boden gelockert. Mit einem Sauzahn geht das beispielsweise prima, ohne das gesamte Bodenleben auf den Kopf zu stellen. Dann bleibt der Boden erstmal ein paar Tage liegen, damit er sich „setzen" kann. Sonst gibt es zu viele Hohlräume, in denen Samen und kleine Pflänzchen keinen Halt und kein Wasser finden.

Achte bei der Menge an Langzeitdünger auch immer darauf, ob dein Gemüse Starkzehrer oder Schwachzehrer ist. Arbeite den Dünger mit einem Rechen locker unter den Boden.

... und düngen

Sehr günstig für Pflanzen und Bodenleben ist eine Kompostdüngung. Verteile 2–4 Liter Kompost pro Quadratmeter auf deinem Beet. Die Menge hängt davon ab, welches Gemüse du anbauen willst. Mittelzehrer wie Frühlingszwiebeln benötigen etwa 3 Liter Kompost pro Quadratmeter, Salat höchstens 2 Liter, und Starkzehrer wie Kohlgemüse brauchen als Start etwa 4 Liter Kompost pro Quadratmeter. Alternativ kannst du auch einen organischen Langzeit-Gemüse-Dünger verwenden.

TIPP

Um zu wissen, wie viele Nährstoffe im Boden sind und was du an Nährstoffen zuführen musst, kannst du eine Bodenprobe nehmen und sie in einem Bodenlabor untersuchen lassen.

Welche Gartengeräte wofür?

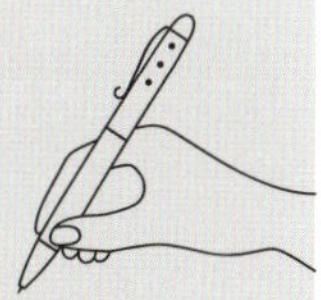

Ordne die Gartengeräte ihrem Einsatz zu! Die Lösung findest du auf S. 141.

- **A** Umgraben, lockern ohne wenden
- **B** Boden lockern, Saatbett vorbereiten
- **C** Lockern ohne wenden
- **D** Einebnen der Beete
- **E** Jäten, oberflächliches lockern
- **F** Umgraben, Pflanzloch ausheben

MACH DEN ERDTYP-TEST

ZU WELCHEM boden-typ GEHÖRT MEIN GARTEN?

Boden ist nicht gleich Boden. Der eine ist locker-leicht, trocknet aber schnell aus, der andere ist schwer und erwärmt sich im Frühjahr spät. Um deinen Pflanzen optimale Bedingungen zu geben, ist ein Bodencheck wichtig. Ist die Erde nicht optimal, kannst du sie verbessern.

1. Welche unterschiedlichen Gartenböden gibt es eigentlich?

→ Die drei wichtigsten Bodenarten sind Sand-, Lehm- und Tonböden. In Reinform kommen sie im Garten aber kaum vor. Meist handelt es sich um lehmigen Sand, sandigen Lehm oder tonigen Lehm.

Lehmige Böden

- Gute Bearbeitbarkeit
- Hoher Nährstoffgehalt
- Gute Wasserspeicherung
- Gute Durchlüftung
- Ausgeglichene Wärmespeicherung

2. Wie kann ich herausfinden, welcher Boden in meinem Garten vorherrscht?

→ Mach eine Fingerprobe: Nimm eine kleine Handvoll Erde in die Hand, die du anschließend leicht befeuchtest. Dann versuche, eine Rolle daraus zu formen.

Sandige Böden

- Leichte Bearbeitbarkeit
- Geringer Nährstoffgehalt
- Schlechte Wasserspeicherung
- Gute Durchlüftung
- Schnelle Erwärmung/Auskühlung
- Neigung zu Trockenheit

3. Was sagt das Ergebnis über meinen Garten aus?

→ Fühlt sich der Boden grobkörnig an und lässt er sich nicht zu einer Wurst oder Kugel formen, hast du einen sandigen Boden im Garten. Bei einem lehmigen Boden merkst du ganz schnell: Der ist weich und kompakt und lässt sich gut formen. Ist die Erde eher tonig, merkst du das daran, dass sie sich zwar gut formen lässt, dabei aber gleich sehr dicht und fest wird.

Tonige Böden

- Schwere Bearbeitbarkeit
- Sehr hoher Nährstoffgehalt
- Sehr gute Wasserspeicherung
- Schlechte Durchlüftung
- Sehr langsame Erwärmung/Auskühlung
- Neigung zu Staunässe

4. Muss ich etwas tun, wenn mein Boden lehmig ist?

→ Nein, du hast Glück, ein lehmiger oder schluffiger Boden ist ideal für Gemüse und Kräuter. Du solltest einfach darauf achten, dass der Boden so bleibt wie er ist, also mit Kompost düngen und den Boden mit Mulch bedeckt halten.

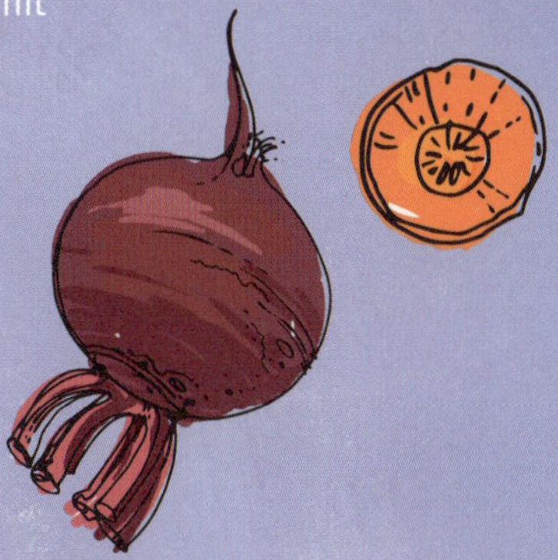

Humus entsteht durch die Zersetzung organischer Materialien wie abgestorbener Pflanzen- und Tierreste durch Bodenlebewesen wie Regenwürmer, Insekten und Mikroorganismen. Er enthält viele wichtige Nährstoffe für das Wachstum von Pflanzen.

5. Wie bereite ich die Erde auf?

→ Sollte dein Boden sehr sandig sein, ist die Einarbeitung von Kompost nützlich. So sind genug Nährstoffe für eine neue Pflanzsaison im Boden. Ist der Boden dagegen eher tonig, kannst du Sand untermischen. Auch Kompost lockert den Boden auf.

6. Woran merke ich, dass mein Boden humos ist?

→ Ein humoser Boden hat eine dunkle Farbe, einen erdigen Geruch und er ist locker und lässt sich leicht bearbeiten.

7. Muss ich noch etwas tun, wenn der Boden schon humos ist?

→ Wenn dein Boden schon sehr viel Humus enthält, musst du gar nichts weiter machen. Dann reicht es aus, wenn du den Boden feinkrümelig harkst und auf die Aussaat oder Pflanzung vorbereitest.

Humose Böden

- Gute Bearbeitbarkeit
- Hoher Nährstoffgehalt
- Gute Wasserspeicherung
- Gute Durchlüftung
- Verbesserte Bodenstruktur

ERDTYP-TEST: QUICK-CHECK

Mach die Fingerprobe!
Nimm eine Handvoll Erde und befeuchte sie leicht.

↓

Lässt sich eine dicke Wurst oder Kugel formen?

- **Nein** → Dein Boden ist sandig!
  - *Sandiger Boden zerfällt in der Hand.*
  - → Mische regelmäßig Kompost unter den Boden, um ihn mit Nährstoffen anzureichern.
- **Ja** → Dein Boden ist lehmig oder tonig!
  - → **Lässt sich eine sehr dünne Wurst formen?**
    - **Nein** → Dein Boden ist lehmig!
      - *Lehmige Böden sind meist sehr humusreich.*
      - → Du hast den perfekten Boden! Dünge gelegentlich mit Kompost und mulche das Beet, um die Bodenqualität zu erhalten.
    - **Ja** → Dein Boden ist tonig!
      - *Je glatter sich die Wurst formen lässt, desto höher ist der Tongehalt.*
      - → Mische Sand unter den Boden, um ihn aufzulockern.

Ab in den Garten Gemüse pflanzen

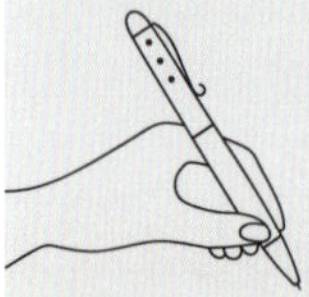

Hake immer ab, was du schon hast.

Das brauchst du

- Handschaufel
- Hacke
- Pflanzholz
- Pflanzschnur
- Gießkanne

Es ist so weit, das erste Gemüse, die ersten Kräuter dürfen raus in den Garten. Die Beete hast du gut vorbereitet, nun werden sie wie bei der Aussaat noch glattgerecht, dann kann es losgehen mit dem Pflanzen:

→ Egal, ob im kompostierbaren Topf oder im Plastiktopf: Vor dem Pflanzen wird das Gemüse erst einmal gut gewässert, denn das erleichtert das Anwachsen. Vom kleinen Topf raus in die Gartenfreiheit bedeutet für die Pflänzchen nämlich erst einmal Stress.

→ Wenn deine Gemüsepflanzen in eine Reihe gesetzt werden, markierst du sie wie bei der Aussaat, steckst am Beetanfang und -ende die Pflanzschnur und gräbst mit der Handschaufel oder der Hacke im jeweiligen Pflanzabstand kleine Löcher. Diese befüllst du anschließend mit der Gießkanne mit Wasser.

→ Lege jetzt je eine Pflanze im kompostierbaren Topf vor jedes Pflanzloch. Wenn du die Pflanzen in Plastiktöpfen kultiviert hast, nimmst du den Topf in die Hand, wobei der Pflanzenstängel zwischen Zeige- und Mittelfinger liegt. Nun den Topf umdrehen und die Pflanze mitsamt Erde und Wurzel aus dem Topf holen.

→ Die Pflänzchen werden nun in die gewässerten Pflanzlöcher gesetzt. Verteile um die Wurzeln anschließend sorgfältig Erde, die du dann festdrückst, damit sie Bodenschluss bekommen. Jetzt heißt es nochmals vorsichtig wässern – am besten nicht mit eiskaltem Wasser aus der Leitung. Fertig!

Wie tief darf es sein?

Jeder hat so seine eigenen Bedürfnisse; das gilt auch für Pflanzen. Lauch, Tomaten und Paprika werden beispielsweise tiefer eingepflanzt. Beim Lauch bilden sich dann die schönen langen Stangen, bei Paprika und Tomaten bilden sich am Stiel in der Erde noch Wurzeln, die die Pflanze zusätzlich mit Wasser und Nährstoffen versorgen können, außerdem gibt es dem hochwachsenden Gemüse mehr Halt. Nicht so tief in die Erde kommt z.B. Kohlrabi, Fenchel und Salat. Dadurch wird verhindert, dass die Knolle später direkten Bodenkontakt hat und womöglich fault oder dass sich der Fenchel länglich und nicht rund entwickelt. Wichtig ist, dass du den Boden nach dem Pflanzen immer feucht hältst.

TIPP

In das Pflanzloch von Starkzehrern, wie Mais, Paprika und Kürbis, kannst du je eine Handvoll Kompost geben. Das fördert die gute Entwicklung.

TIPP

Lauch kannst du vor dem Pflanzen um ein Drittel einkürzen, d. h. die oberen Blätter oben abschneiden. Das fördert das Wachstum.

Zu lange Salatwurzeln einfach abknipsen.

Halt geben

Wie so oft kannst du im Garten Nützliches und Schönes verbinden. Das gilt besonders für Rankgerüste und -stäbe, also alles, was hochwachsendem Gemüse stützt. Tomaten und auch Paprika brauchen z.B. Halt, damit sie bei Wind und Wetter nicht umknicken. Vor dem Pflanzen wird deshalb ein Pflanzstab gesetzt und nicht erst danach. Du könntest sonst beim Einbringen in den Boden die Pflanzenwurzeln verletzen. Rankendes oder kletterndes Gemüse wie Gurken, Kürbis und Zucchini können ein Rankgerüst ebenfalls gut vertragen.

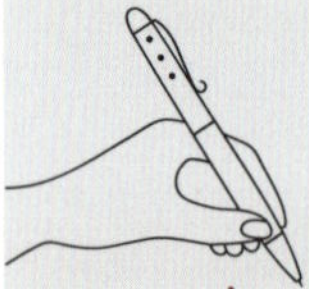

Kreuze an, was in deinem Garten schon passt und was noch nicht.

To-dos, bevor es losgeht

		Passt	Passt noch nicht
Bodentemperatur prüfen:	Sie sollte zwischen 12–15 °C betragen		
Bodenfeuchte prüfen:	Boden muss begehbar sein		
Außentemperatur beachten:	Nicht bei Hitze pflanzen		
Sonneneinstrahlung beachten:	Am besten bei bedecktem Himmel pflanzen		

Kompostierbare Anzuchttöpfe bestehen z. B. aus Holzfasern oder torffreier Zellulose. Die Pflanzen kommen im Topf in die Erde, der Topf kompostiert sich dann im Boden.

Welche Rankhilfe gefällt dir?

Suche dir Inspirationen für verschiedene Rankhilfen von Pinterest, Instagram oder aus Magazinen. Was möchtest du bei dir im Garten umsetzen?

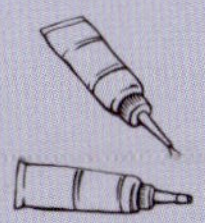

Klebe ein!

Wasser marsch!

Wasser ist lebensnotwendig, das ist klar. Es gibt zwar Pflanzen – auch unter Gemüse und Kräutern – die mit weniger auskommen, aber ganz ohne geht gar nichts und Regen steht uns in Trockenphasen leider nicht immer zur Verfügung. Du kannst dir aber mit mehreren Regentonnen oder einer Wasserzisterne einen Wasservorrat im Garten anlegen und mit der guten alten Gießkanne gießen oder die Beete mit einer automatischen Bewässerungsanlage versehen. Solche, die eine Regenwassernutzung miteinbeziehen, sind besonders empfehlenswert. Es gibt computergesteuerte Regner und Sprühanlagen – vollautomatische Anlagen, die über Feuchtigkeitsfühler gesteuert werden.

TIPP

Wasserspeicher in Form von Tonkegeln, Ollas oder einfach Plastikflaschen kannst du zu Pflanzen setzen, die besonders durstig sind, wie Tomaten oder Kürbissen.

Wie viel Wasser ist im Boden?

Ist die Erde oberflächlich abgetrocknet, heißt das noch lange nicht, dass der Boden ausgetrocknet ist, zumal die Wurzeln ja in die Tiefe gehen. Du verschaffst dir einen Überblick darüber, indem du dir den Spaten schnappst, das Spatenblatt direkt neben dem Gemüse in die Erde stichst und den Spaten etwas nach außen drückst. Du kannst dann genau sehen und auch fühlen, wie trocken die Erde im Wurzelbereich ist, und weißt, ob gegossen werden muss. Praktisch ist auch ein Regenmesser, der bei Regen eine kleine Menge Wasser auffängt. Es gilt die Faustregel: 1 mm Niederschlag entspricht 1 l Wasser pro Quadratmeter. Diese Wassermenge dringt etwa 1 cm tief in die Erde ein. Wenn die Pflanzenwurzeln beispielsweise 10 cm tief in die Erde gehen, dann benötigst du eine ganz mit Wasser gefüllte 10-l-Gießkanne zum Gießen. Sind 10 mm Wasser im Regenmesser, ist dein Gemüse erst einmal gut versorgt.

Vor allem nach der Aussaat braucht dein Gemüse Wasser. Wenn die Samen keimen und es zwischendurch trocken ist, sterben die Keimlinge.

Gemüse mag kaltes Wasser nicht so gern. Das warme Wasser aus der Regentonne ist meistens genau richtig temperiert.

Gießen – so geht's richtig

Gießzeit?	Morgens, wenn die Pflanzen am meisten Wasser aufnehmen können	Mittags, sonst verdunstet das Wasser zu schnell
Wohin gießen?	Im Wurzelbereich	Werden Blätter und Blüten gegossen, gibt es bei Hitze Sonnenbrand
Wie viel gießen?	Selten gießen, aber ausgiebig; 10–20 l Wasser pro Quadratmeter reicht für mehrere Tage	Häufig, aber wenig gießen; die Wurzeln gehen nicht in die Tiefe, sondern bleiben an der Oberfläche

Ganz schön vielseitig – Mulchen

Grasschnitt, Blätter, Kräuter, Holzhäcksel, aber auch Papier oder eine Gründüngung über den Winter – das alles sind Mulchmaterialien. Sie schützen vor Verdunstung, Austrocknung und Verkrustung des Bodens, sorgen für ausgeglichene Temperaturen und regen die Tätigkeit von Mikroorganismen an. Dadurch erhöht sich die organische Bodensubstanz, sodass den Pflanzen mehr Nährstoffe zur Verfügung stehen. Das sind die besten Voraussetzungen für eine optimale Entwicklung von Gemüse. Und du sparst durch das Mulchen ganz nebenbei häufiges Gießen und Unkrautzupfen.

Natürliche Decken und was sie können

→ Grasschnitt: Erst anwelken lassen, bevor du das Gras dünn ums Gemüse verteilst. Wird es zu dick ausgebracht, sammeln sich Schnecken darunter. Für alle Gemüse geeignet.

→ Brennnesseln: Kannst du vom Frühjahr bis in den Herbst schneiden. Regenwürmer stehen drauf und finden sich schnell im Beet ein – zum Wohl der Humusqualität. Für alle Gemüse geeignet.

→ Verwelkte und unansehnliche Gemüseblätter: Kannst du an Ort und Stelle kleinschneiden und auf dem Boden verteilen. Tomatenblätter zwischen Kohlpflanzen reduzieren den Befall mit Kohlweißlingsraupen.

TIPP

Gut ausgereifter Kompost ist auch ein toller Mulch. Wenn du nicht so viel davon hast, nimm den Kompost aber lieber zum Düngen.

→ Stroh und Holzhäcksel: Gut zwischen Kürbissen und Zucchini. Der Boden wird geschützt und die Früchte sind nicht so schmutzig.

→ Laub: Für offenliegende Beete im Herbst. Am besten häckselst du die Blätter klein und mischst sie unter die Erde, damit sie nicht wegfliegen.

→ Unbehandeltes Papier und Pappe: Zwischen Kürbissen und Zucchini auslegen und gleich etwas anfeuchten. Gut für Gemüse, das anfangs noch klein ist, dann aber viel Platz braucht.

So mulchst du richtig – Tipps

→ Boden zwischen dem Gemüse hacken. Frisches Material wie Gras, Gemüseblätter und Kräuter zerkleinern und nicht zu dick auslegen, damit das Material nicht schimmelt. Frischen Mulch besser immer wieder nachlegen. ☆ ☆ ☆ ☆ ☆

→ Mit dem Mulchen bis nach der Aussaat warten, bis sich die Pflänzchen gut entwickelt haben und etwa 10 cm hoch sind. Dann drumherum und zwischen den Reihen mulchen. ☆ ☆ ☆ ☆ ☆

→ Bei trockenen Böden oder in Trockenphasen im Sommer Mulchwürste machen, die länger die Feuchtigkeit halten. Dazu längeren Gras- oder Wiesenschnitt zu festen Würsten zusammenwickeln und zwischen die Reihen auslegen. ☆ ☆ ☆ ☆ ☆

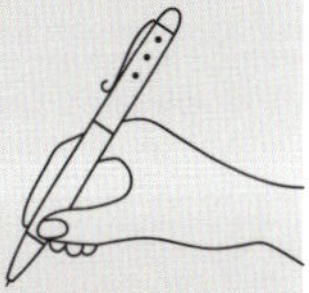

Bewerte den Tipp, nachdem du ihn ausprobiert hast!

Mein Mulchmaterial

- ○ Grasschnitt
- ○ Brennnesseln
- ○ Verwelkte und unansehnliche Gemüseblätter
- ○ Stroh und Holzhäcksel
- ○ Laub
- ○ Unbehandeltes Papier und Pappe

Auch Gemüse hat Hunger

Pflanzen brauchen Nährstoffe zum Wachsen und Gedeihen – das ist sozusagen ihr Futter. Die einen benötigen mehr, die anderen weniger. Stickstoff (N), Kalium (K) und Phosphor (P) sind wichtig, aber auch Eisen (Fe), Kalzium (Ca), Magnesium (Mg) und andere. Bei schnell wachsendem Gemüse wie Radieschen, Salat & Co. reicht schon das, was die Humusschicht an Nährstoffen liefert bzw. eine geringe Kompostgabe. Starkzehrer wie Lauch und Kohlgewächse sind anspruchsvoller.

Zu viel Dünger vertragen Gemüse schlecht. Oft werden die Blätter weich und können leichter von Schädlingen und Krankheiten befallen werden.

Wenn der Boden alle wichtigen Nährstoffe enthält (siehe Seite 89, Bodenprobe), dann wird als Dünger vor allem Stickstoff benötigt.

Organic power

Am besten verwendest du einen sogenannten organischen Dünger als Futter für dein Gemüse. Der ist gut für den Boden und die Pflanzen. Der organische Dünger schlechthin ist Kompost, aber es gibt natürlich noch mehr, z.B. Horndünger. Solltest du vom Bauern nebenan an Pferdemist kommen, ist das ein Allzweckdünger und für alle Böden und Pflanzen geeignet. Du kannst sogar mit Schafwolle das Gemüse düngen. Dafür zerrupfst du etwas nicht gereinigte Schafwolle, legst sie ins Pflanzloch oder um größere Pflanzen herum – fertig. Wer keinen Schäfer in der Nähe hat, kann mit Wollpellets düngen. Und dann sind Pflanzen selbst auch Dünger.

Welcher Dünger passt bei mir?

Organischer Dünger	Nährstoffe	Ausbringung
Hornspäne/Hornmehl	Überwiegend Stickstoff	Vor der Aussaat/Pflanzung, während der Vegetation
Pferdemist	Stickstoff, Phosphat, Kalium, Magnesium; der Mist muss gut abgelagert sein	Grunddüngung im Frühjahr und zur Nachdüngung im Herbst
Kompost	Stickstoff, Phosphat, Kalium, Magnesium, Kalk	Hauptsächlich im Frühjahr; 3 l/m²
Schafwollpellets	Stickstoff, Schwefel, Kalium, Magnesium, Phosphor	Nach der Bodenvorbereitung oder während des Wachstums; Starkzehrer 100 g/m², Mittelzehrer 70 g/m², Schwachzehrer 40 g/m²

Wenn du mehrere Beete hast, vergleiche doch mal die verschiedenen Dünger! Dünge ein Beet mit X, das andere mit Y und notiere hier das Ergebnis.

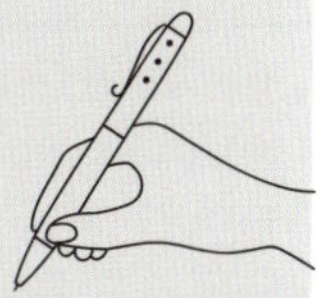

Schreibe auf!

Das richtige Maß

	Stickstoff-bedarf	Düngung mit Hornmehl
Schwachzehrer, z.B. Radies, Feldsalat, Erbsen, Bohnen	Gering	50 g/m², zur Aussaat oder Pflanzung
Mittelzehrer, z.B. Möhren, Spinat, Rote Bete, Kohlrabi	Mittel	100 g/m² zur Aussaat oder Pflanzung
Starkzehrer, z.B. Tomate, Lauch, Sellerie, Blumenkohl	Hoch	150 g/m² in zwei Teilen: 50 % zur Aussaat oder Pflanzung, 50 % nach 4–5 Wochen

TIPP

Arbeite mit einem Rechen den Dünger leicht unter die Erde, damit die Mikroorganismen schnell mit ihrer Arbeit beginnen können.

Pflanzenjauche selbst herstellen

Je nach Wirkung und Einsatzgebiet werden Brühen, Jauchen, Tees und Kaltauszüge im Wurzelbereich oder auf die Blätter gegossen oder gesprüht. Ein bedeckter Tag ist ideal für die Anwendung, bei Sonne kann es leicht zu Verbrennungen kommen.

Pflanzen helfen Pflanzen – wie genial ist das denn?! Vor allem Wildpflanzen wie Brennnesseln, Ackerschachtelhalm und Beinwell stärken die Pflanzen und schützen sie so vor Krankheiten, aber auch Zwiebeln und Knoblauch sind wirksam. Einen Tee, einen Kaltauszug, eine Brühe oder Jauche herzustellen, ist außerdem gar nicht schwierig. Dazu gibt es ganz verschiedene Rezepte, probiere selbst aus, was am effektivsten ist.

→ Brühe: Für eine Brühe weichst du die Pflanzenteile zunächst für 24 Stunden kalt in Wasser ein und bringst dann das Ganze zum Kochen. Eine Viertelstunde muss die Brühe ziehen, dann wird abgeseiht und mit Wasser je nach Rezept verdünnt.

→ Tee: Bei der Herstellung von Tee überbrühst du frische oder getrocknete und zerkleinerte Pflanzenteile mit heißem Wasser. Nach einer gewissen Ziehzeit, die je nach Rezept unterschiedlich sein kann, gießt du den Tee ab und kannst ihn dann unverdünnt anwenden.

→ Kaltauszug: Ähnlich stellst du kalte Auszüge her, wobei du die Pflanzenteile mit kaltem Wasser übergießt und 24 Stunden ziehen lässt, bevor du sie abseihst. Aufwendiger ist die Herstellung einer Jauche.

TIPP

Wenn du Brennnesseljauche herstellst, entwickelt sich ein strenger, unangenehmer Geruch. Rühre etwas Gesteinsmehl unter, das bindet den Gestank.

Step by Step: Brennnesseljauche selbst gemacht

① 1 kg frisches Pflanzenmaterial zerkleinern.

② Die Blätter mit 10 l Wasser aufgießen und das Ganze dann zwei bis drei Wochen gären lassen. Die Jauche ist fertig, wenn sich die Blätter und anderen Pflanzenteile am Boden absetzen.

③ Dann wird abgeseiht und das Pflanzenwasser – im Verhältnis 1:10 verdünnt – um den Wurzelbereich der Pflanzen ausgebracht.

Ein paar Rezepte für dich

Je mehr Sternchen, umso aufwendiger ist das Ganze.

☆ Komposttee: Drei Handvoll Kompost in ein Tuch füllen und über Nacht in einen Eimer mit Wasser hängen. Den Tee kannst du unverdünnt einmal pro Woche düngen.

☆ Knoblauchtee: 80 g kleingehackter Knoblauch mit 1 l kochendem Wasser überbrühen, 30 Minuten ziehen lassen; 1:7 verdünnen. Das wirkt gegen Milben, Grauschimmel, Kraut- und Knollenfäule.

☆☆ Rainfarnbrühe: 30 g getrocknete Blütenköpfe in 1 l Wasser aufkochen, dann abkühlen lassen und abseihen. Das kannst du gegen Rost und Mehltau, vorbeugend gegen Gallmilben verwenden.

☆☆ Brennnesselauszug: 1 kg frisches Kraut in 10 l Wasser einen Tag einweichen und gegen Blattäuse und Lauchmotte anwenden.

☆☆☆ Zwiebelschalenjauche: 500 g Zwiebelschalen in 5 l Wasser ansetzen, eine Woche ziehen lassen, 1:10 verdünnt ausbringen; wirkt vorbeugend gegen Kraut- und Knollenfäule an Kartoffeln.

Alle 14 Tage kannst du mit Pflanzenjauchen düngen und stärkst dein Gemüse gleichzeitig damit.

Sehr wirkungsvoll

Ackerschachtelhalmbrühe zählt sicher zu den bekanntesten Stärkungsmitteln, und sie ist sehr wirkungsvoll. Die im Kraut enthaltene Kieselsäure härtet das Blattgewebe von Salat, Bohnen und vielen anderen Gemüsen, sodass die Pflanzenblätter für saugende Insekten wie Blattläuse einfach zu hart werden.

Gründüngung? Was ist das denn?

Auch Tagetes ist eine Gründüngung, die schön blüht und gleichzeitig eine Feindpflanze für Fadenwürmer ist.

TIPP

Für die Gründüngung musst du keine Reihen auf dem Beet ziehen. Der Samen wird mit der Hand auf dem Beet breitflächig verteilt, mit den Rechen etwas untergearbeitet und mit dem Rechenrücken festgedrückt.

Achte auf die Pflanzenfamilie, zu der die Gründüngung gehört. Sie sollte in die Fruchtfolge passen, das ist vor allem bei Kreuzblütlern wichtig.

Eine richtige Düngung ist die Gründüngung nicht, aber supergut geeignet, um den Boden aufzubessern. Eigentlich ist das eine Art Wellnesskur für den Boden und die kommt auch deinem Gemüse und dir selbst zugute. Das Prinzip ist einfach: Bestimmte Pflanzen werden meistens im Spätsommer und Herbst auf freie Beete im Gemüsegarten ausgesät und bleiben den Winter über stehen. Manche sterben bei Frost ab, wie Phacelia, andere überstehen den Winter und werden dann im Frühjahr vor der Aussaat untergearbeitet.

Benefits

Bodenlebewesen zerkleinern die Pflanzenreste und es entsteht wertvoller Humus – bestens als Gemüseerde geeignet. Verschiedene Pflanzen, die du als Gründünger nehmen kannst, liefern Nährstoffe, andere wurzeln tief und lockern den Boden, manche können beides. So eine Bodenkur kommt in der Fruchtfolge im 4. Jahr dran und dann geht es wieder los mit Starkzehrern. Du kannst einem Beet aber auch im Frühjahr eine Gründüngung verpassen und das ganze Jahr stehen lassen. Die blauen Blüten der Phacelia sind bei Bienen total beliebt. Oder du säst Luzerne im Frühjahr, die im Sommer unter den Boden gemischt wird und ein wunderbares Beet für spätes Gemüse abgibt.

Gründüngung	Vorteile	Aussaatzeit	Besonderheiten
Phacelia ☆☆☆☆☆	Bildet kräftige Wurzeln, wächst schnell, gute Bienenweide	April–September	Passt immer, weil fruchtfolgeneutral
Luzerne ☆☆☆☆☆	Gut für stark verdichtete, schwere Böden, bindet Stickstoff für späteres Gemüse, gut für Nützlinge	April–August	Schützt den Boden vor Austrocknung
Rotklee ☆☆☆☆☆	Bedeckt schnell den Boden und lockert ihn tief	März–September	Zur Blüte bildet sich ein rosa Blütenmeer
Gelbsenf ☆☆☆☆☆	Lockert den Boden tief, bindet Stickstoff für späteres Gemüse, wächst schnell	April–September	Enthält Senföle, die gut für das Bodenleben sind, Achtung: Nicht vor oder nach Kreuzblütlern wie Kohl und Kresse säen

Bewerte die einzelnen Pflanzen als Gründünger und vergebe Sterne!

Was konntest du mit der Gründüngung in deinem Garten beobachten?

____

____

____

____

____

____

Was Gemüse krank macht

Gemüse kann auch krank werden, Krankheitserreger wie Pilze und Bakterien sowie Schädlinge wie Schnecken gibt es leider zuhauf. Mit dem richtigen Standort, Mischkultur, Fruchtfolge und Fruchtwechsel hat das Gemüse beste Voraussetzungen, gesund zu bleiben. Aber es gibt auch noch andere Möglichkeiten, die lästigen Schaderreger in Schach zu halten.

Pilze, Viren und Nematoden

Echter Mehltau

So erkennst du ihn:
weißer mehlartiger Belag, der die Oberseite von Blättern, Trieben und Stängeln bedeckt

Dieses Gemüse ist gefährdet:
Kürbis, Gurken, Erbsen und Tomaten

Das fördert ihn:
Wärme, Feuchtigkeit

Das kannst du tun:
vorbeugend mit Ackerschachtelhalmbrühe spritzen oder Neem-Präparate einsetzen

Falscher Mehltau

So erkennst du ihn:
weißlicher Belag an der Blattunterseite, auf der Oberseite sind die Blätter dann an diesen Stellen gelb, violett oder braun

Dieses Gemüse ist gefährdet:
Salat, Spinat, Kohlrabi, Zwiebeln und Kartoffeln

Das fördert ihn:
hohe Luftfeuchtigkeit und wenn die Blätter lange feucht sind

Das kannst du tun:
Ackerschachtelhalmbrühe, Zwiebelschalen- oder Knoblauchsud spritzen, nicht zu dicht pflanzen, damit die Blätter luftig sind

Kraut- und Braunfäule

So erkennst du sie:
auf Blättern und am Stängel bräunliche unscharfe Flecken, die Blätter vertrocknen

Dieses Gemüse ist gefährdet:
Tomaten und Kartoffeln

Das fördert sie:
wenn beim Gießen Spritzwasser auf die Blätter gelangt

Das kannst du tun:
nur im Wurzelbereich gießen, am besten entfernst du bei Tomaten die unteren Blätter, vorbeugend mit Ackerschachtelhalmbrühe gießen

Rostpilze

So erkennst du sie:
anfangs helle Flecken auf der Blattoberseite, auf der Unterseite ostbraune pustelförmige Sporenlager

Dieses Gemüse ist gefährdet:
Schnittlauch, Lauch, Bohnen, Erbsen, Minze, Knoblauch

Das fördert sie:
Sporen vermehren sich nur auf feuchten Blättern und Stängeln

Das kannst du tun:
resistente Gemüsesorten, auf gleichmäßige Feuchtigkeit achten, nicht zu dicht pflanzen

Gurkenmosaikvirus

So erkennst du es:
gelbe, begrenzte Flecken auf der Blattoberseite, Blätter rollen sich ein, die Früchte verkrümmen sich

Dieses Gemüse ist gefährdet:
Gurken, Tomaten

So wird es übertragen:
durch Blattläuse oder befallenes Saatgut

Das kannst du tun:
befallene Pflanzen im Hausmüll entsorgen, auf resistente Sorten achten

Nematoden, Fadenwürmer

So erkennst du sie:
Pflanzen können welken, Keimlinge absterben, bei Möhren kommt es zu verdickten Wurzeln oder vielen Seitenwurzeln, Triebspitzen verbräunen bei Zwiebeln

Dieses Gemüse ist gefährdet:
Möhren, Zwiebeln, Kartoffeln

Das fördert sie:
einseitige Fruchtfolge, also wenn du immer nur Möhren oder Zwiebeln auf dem Beet anbaust

Das kannst du tun:
Mischkultur, Fruchtwechsel und Fruchtfolge einhalten, bei Befall mindestens vier Jahre nicht dasselbe Gemüse anbauen

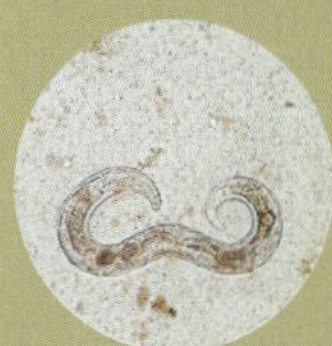

Schädlinge

Blattläuse

So erkennst du sie:
Die kleinen, zum Teil geflügelten Insekten gibt es in Grün, Braun und Schwarzbraun

Dieses Gemüse ist gefährdet:
Salat, Bohnen, Kohlgemüse

Das fördert sie:
Trocken-warmes Wetter; sie befallen vor allem geschwächte und auch überdüngte Pflanzen

Das kannst du tun:
Mischkultur, Nützlinge fördern, mit kaltem Wasserstrahl abspritzen, mit Brennnessel-Kaltwasserauszug, Rainfarn- oder Rhabarberblätter-Brühen besprühen

Gemüsefliegen – Kohlfliege, Bohnenfliege, Möhrenfliege, Zwiebelfliege

So erkennst du sie:
Schädlich sind vor allem die Larven, die sich durch Stängel und Wurzeln fressen

Dieses Gemüse ist gefährdet:
Bohnen, Zwiebeln, Möhren, Kohl, Rettich, Radieschen, Sellerie, Schnittlauch, Lauch, Spinat

Das fördert sie:
einseitige Fruchtfolge

Das kannst du tun:
Fruchtfolge, Fruchtwechsel einhalten, Mischkultur, engmaschige Kulturschutznetze, mit Rainfarntee spritzen

Großer und Kleiner Kohlweißling

So erkennst du sie:
Großer Kohlweißling: Schmetterling mit cremeweißen Flügeloberseiten mit grauen Spitzen; Kleiner Kohlweißling etwas gelber gefärbt, blasser; schädlich sind vor allem die Larven

Dieses Gemüse ist gefährdet:
Kohlgemüse

Das fördert sie:
einseitige Fruchtfolge mit Kohlgewächsen

Das kannst du tun:
weite Fruchtfolge, Mischkultur, Eigelege zerdrücken, Jauche von Tomatenblätter oder Rainfarn spritzen, Kulturschutznetze

Wühlmäuse

So erkennst du sie:
braungraues bis rotbraunes oder schwarzes Fell, kleine Ohren, kurzer behaarter Schwanz

Dieses Gemüse ist gefährdet:
Wurzelgemüse

Das fördert sie:
frische, feuchte Böden

Das kannst du tun:
mithilfe von Fallen fangen

Erdflöhe

So erkennst du sie:
Lochfraß an Blättern deutet auf Erdflöhe hin; die winzig kleinen, schwarzen Käfer sieht man kaum

Dieses Gemüse ist gefährdet:
Rucola, Radieschen, Asiasalate, Rettich, Kohlrabi

Das fördert sie:
trocken-warme Witterung

Das kannst du tun:
die gefährdeten Pflanzen gießen, den Boden feucht halten, mulchen, hacken (Erdflöhe haben es gern ruhig)

Spinnmilben

So erkennst du sie:
feiner Gespinstüberzug an Blättern, die Blätter sind hell gescheckt, rötliche winzige Milben

Dieses Gemüse ist gefährdet:
Bohnen, Gurken, Paprika, Tomaten

Das fördert sie:
Wärme, Trockenheit

Das kannst du tun:
Nützlinge fördern, Luftfeuchte und Bodenfeuchtigkeit durch Gießen erhöhen

Gemüse und Kräuter ernten

Eine gute Erntezeit für Gemüse und Kräuter ist morgens bzw. vormittags, vor allem an heißen Sommertagen verlieren die Pflanzen über die Verdunstung nämlich viel Wasser. Der Druck in den Zellen, die Gärtner nennen das Turgor, nimmt ab und das Gemüse wird weicher und somit auch schlechter haltbar.

Willst du nur etwas für den sofortigen Verzehr ernten, ist es nicht so schlimm, wenn du nachmittags oder abends schnell etwas aus dem Garten holst. Willst du das Erntegut länger aufbewahren bis zum Verzehr oder der Verarbeitung bzw. willst du es bevorraten, dann solltest du am Vormittag ernten, wenn das Gemüse noch prall gefüllt ist. Blattgemüse wie Kopfsalate sind nach einem Tag intensiver Sonneneinstrahlung meist sehr schlaff und nicht mehr so appetitlich.

Bei Kräutern ist außerdem der Gehalt an wertvollen Inhaltsstoffen am Vormittag am höchsten.

Grundsätzlich wird an trockenen Tagen geerntet, damit am Erntegut nicht zu viel Erde anhängt.

→ Radieschen: Bei einem Durchmesser von 2–3 cm haben sie den besten Geschmack. Wird zu spät geerntet, verholzt die Knolle schnell. Lockere die Erde etwas auf und ziehe die Radieschen am Laub vorsichtig aus der Erde.

→ Salat und Spinat: Bei Pflücksalaten und Spinat schneidest du die äußeren Blätter mit einem scharfen Messer ab, die Blättchen in der Mitte bleiben stehen. So entwickeln sich immer neue Blätter und du kannst lange ernten. Salatköpfe mit einer Hand umfassen und mit der anderen Hand über der Wurzel abschneiden, sodass sie nicht auseinanderfallen.

→ Kohlrabi: Die Knollen sollten etwa tennisballgroß sein, also bei der Ernte einen Durchmesser von 8–10 cm haben. Zieh die Knollen vorsichtig am Laub aus der Erde und entferne gleich die äußeren Blätter.

→ Zuckererbsen: Wenn sich kleine Körner unter der Schale abzeichnen, sind Zuckererbsen reif. Die Hülsen knipst du mit Daumen und Zeigefinger hinter dem Stielansatz ab. Reife Hülsen regelmäßig alle 2–3 Tage ernten – das fördert die Bildung von neuen Hülsen.

→ Tomaten: Bei Tomaten erntet man im Sommer fast täglich alle vollreifen Früchte. Sie sollten voll ausgefärbt, fest und prall sein und sich leicht vom Stiel lösen lassen. Am besten mit einer Schere am Stielansatz abschneiden.

→ Grüne Paprika: Das ist keine Sorte, sondern grüne Paprika sind noch nicht reif. Ernten kannst du sie trotzdem, wenn du einen etwas bitteren Geschmack magst. Unreife Früchte sind grün, sie verfärben sich erst nach etwa drei Wochen zu ihrer spezifischen Farbe. Ihr volles, süßes Aroma haben Paprika dann, wenn sie keine grünen Flecken mehr haben.

→ Rosmarin: Triebe oder Triebspitzen schneidest du mit einem scharfen Messer ab.

Noch mehr über die Ernte der Gemüse findest du hier:

Leg dir einen Vorrat an

Es geht doch nichts über eine gute Vorratshaltung! Was du einfrierst, einkochst oder einlagerst, steht dir an Zeiten, in denen es nicht so viel zu ernten gibt, zur Verfügung, ist dann meist schnell zubereitet und außerdem noch ziemlich nachhaltig.

Natürlich musst du dir erst einmal einen Zeitraum zum Einlegen, Fermentieren, Einkochen und, was es noch alles an Haltbarkeitsmethoden gibt, freischaufeln, später bekommst du diese Zeit aber wieder zurück: Ein Griff ins Vorratsregal und das Essen ist (beinahe) fertig, die Kräuter für den Salat sind zur Hand und die Gurken für die Vesper im Glas.

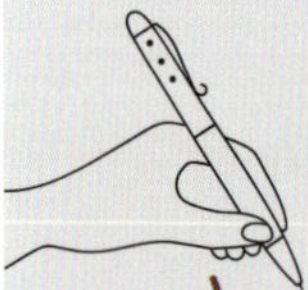

Trage in die Tabelle ein, welche Methode mit welchem Gemüse du testen möchtest.

Die Methoden

Bevorratungsart	Möglich für	Will ich ausprobieren mit
Einlegen in Sand, Lagerung in Kisten	Wurzelgemüse, Kürbisse, Kohlgemüse, Kartoffeln, Äpfel	
Trocknen	Kräuter, Pilze, Zwiebeln, Knoblauch, Obst und Gemüse	
Einkochen	Gemüse	
Einfrieren	Gemüse und Kräuter	
Einlegen	Kräuter, Knoblauch, Zwiebeln	
Fermentieren	Geeignet ist vor allem Gemüse, das nicht zu weich ist, wie Kohl, Wurzelgemüse, Rote Bete, Kürbis, Paprika	

Gemüse frisch halten

GECHECKT

→ Je mehr Wasser enthalten ist, desto schneller wird das Gemüse schrumpelig und welk.

→ Ganzes Gemüse ist besser haltbar als Gemüsestücke.

→ Grünzeug an Radieschen, Möhren oder Rüben entziehen dem Gemüse Wasser und lässt es schneller verwelken.

→ Ein guter Aufbewahrungsort ist das Gemüsefach im Kühlschrank, hier halten sich: Blattsalate, Blumenkohl, Brokkoli, Erbsen, Kohlgemüse, Kräuter (außer Basilikum), Lauch, Radieschen, Rote Bete, Sellerie.

→ Bei einer kühlen Zimmertemperatur halten sich gut: Basilikum, Gurken, Kartoffeln, Knoblauch, Kürbisse, Paprika, Tomaten, Zucchini.

So lange hält sich Gemüse

Gemüse	Aufbewahrungsdauer
Bohnen	2 Tage
Brokkoli	3 Tage
Feldsalat	5 Tage
Frühlingszwiebeln	1 Woche
Mangold	5 Tage
Radieschen	1 Woche
Salat	1 Woche

TIPP

Wickle das Gemüse in ein feuchtes Tuch ein, bevor es in den Kühlschrank kommt, so bleibt es länger frisch.

TIPP

Im Beet überwintern können frostharte Gemüse, z.B. Wintersalate und Kohlgemüse wie Rosenkohl oder Grünkohl, Lauch oder Pastinake. Am besten nicht in gefrorenem Zustand ernten.

Kräuter haltbar machen

Blättchen, Triebspitzen oder gar ganze Kräutertriebe kannst du vom Frühjahr bis in den Herbst hinein pflücken bzw. abschneiden und zum Würzen oder für einen Tee verwenden. Die beste Zeit ist aber vor oder während der Blüte, denn jetzt sind am meisten gesunde Inhaltsstoffe wie ätherische Öle enthalten. Wenn es drei Tage lang nicht geregnet hat, kannst du ernten und am besten machst du das an einem warmen Vormittag.

Damit Öl- und Essigauszüge nicht verderben, dürfen frische Pflanzenteile weder vertrocknete noch vergilbte Stellen aufweisen, schmutzig oder feucht sein.

Du kannst deine Lieblingskräuter aber auch konservieren und da gibt es verschiedene Möglichkeiten. Aus getrockneten Kräutern kannst du Tee zubereiten oder mit ihnen an Sommer- und Wintertagen räuchern. Suppen, Salate oder andere Gerichte werden sowohl mit getrockneten als auch mit eingefrorenen Kräutern aromatisiert. Die wertvollen Inhaltsstoffe können aber auch in Essig, Öl, Sirup, Kräuterzucker oder Kräutersalz eingefangen und konserviert werden.

Meine eigene Kräuterkreation:

ROSMARINÖL SELBST GEMACHT

1. Ganze saubere Triebe ohne Schadstellen abschneiden und sorgfältig ausschütteln.
2. Je ein bis zwei Triebe in eine saubere, verschließbare Flasche geben.
3. Den Rosmarinzweig mit einem neutralen Pflanzenöl übergießen, bis alles bedeckt ist, verschließen, an einem warmen Ort aufstellen und regelmäßig schütteln. Das Öl vier bis sechs Wochen ziehen lassen. Dann den Zweig entfernen und das Öl verwenden.

Eigene Samen ernten

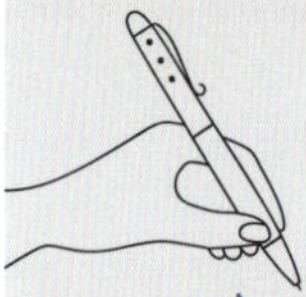

Hake ab, wenn du einen Schritt erledigt hast!

Vom Saatgut bis zur Ernte – alles aus eigener Produktion: Das erzeugt ein wunderbares Gefühl der Unabhängigkeit und ist super nachhaltig.

Für dich heißt das allerdings auch, nicht alle Früchte, Blätter, Wurzeln und Blüten zu ernten, sondern einen Teil davon stehen zu lassen. Die Samen müssen erst komplett ausreifen, bevor du sie erntest, sonst wird das nichts mit der Vermehrung. Denk auch an samenfestes Ursprungs-Saatgut. Bei F1-Hybrid-Saatgut lohnt sich die Samenernte nicht (siehe Seite 86).

Sieh nach, ob die Bohnenkerne in den Hülsen fest und die Hülsen trocken sind.

Schritt für Schritt

- [ ] Ernte bei trockenem Wetter die Bohnenhülsen.
- [ ] Lass die Hülsen ein paar Tage an einem luftigen, geschützten warmen Platz nachtrocknen.
- [ ] Lösen sich die Körner beinahe von selbst aus der schon vertrockneten bzw. brüchigen Samenhülle, kannst du alle Samen entnehmen. Sie sind jetzt trocken genug.
- [ ] Bewahre die Samen bis zur nächsten Aussaat trocken, kühl und dunkel auf.
- [ ] Vergiss nicht die Beschriftung: Samen von ..., geerntet am ..., Sorte ...

TIPP

Lassen sich die Samenkörner nicht mit dem Fingernagel einritzen? Dann sind gut lagerfähig.

Bei Tomaten und Kürbissen sind die Kerne im Fruchtfleisch eingebettet. Um sie davon zu befreien, werden die Samen ein bis zwei Tage in Wasser gelegt. Hat sich das Fruchtfleisch gelöst, spülst du sie in einem Sieb ab, lässt sie abtropfen und legst sie dann auf ein Küchenpapier. Erst wenn sie komplett trocken sind, kannst du sie aufbewahren. Bei Knoblauch ist die Sache ganz einfach, da kannst du einige Zehen vom übrig gebliebenen Knoblauch nehmen und sie im neuen Jahr stecken.

Selbstbestäuber – Selfies – wie Bohnen und Tomaten sehen der Mutterpflanze sehr ähnlich, Fremdbestäuber – Crossies – wie Zwiebeln und Möhren sehen oft anders aus.

Lauch und Zwiebeln

Möchtest du Lauch und Zwiebeln vermehren, brauchst du etwas Geduld. Dieses Gemüse blüht erst im zweiten Jahr. Aus den Blüten entwickeln sich Samen, die du dann ernten und verwenden kannst. Dazu lässt du ein paar gesunde Pflanzen auf dem Beet stehen. Die reifen Samen kannst du dann im nächsten Jahr ernten.

TIPP

Bewahre die Samen in Papiertüten auf und lagere sie dunkel, trocken und kühl. Jede Sorte bekommt ein eigenes Tütchen und wird beschriftet mit Namen, Erntejahr sowie Besonderheiten, z.B. späte Sorte.

Keimfähigkeit von Gemüsesamen

Gemüse	Keimfähigkeit
Lauch	2–3 Jahre
Bohnen	3–4 Jahre
Erbsen	3–4 Jahre
Gurken	5–6 Jahre
Kürbis	3–4 Jahre
Tomate	4–6 Jahre

Hier kannst du deine Lieblingssamen einkleben!

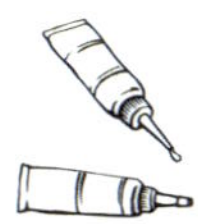

BONUS

gemüse & kräuter

IM PORTRÄT

Jedes Gemüse und jedes Kraut hat seine besonderen Bedürfnisse, was Standort, Boden und Pflanzung angeht. Anfangs musst du noch Nachschlagen, bald wirst du aber zum Mischkultur-Profi aufsteigen.

Bei den Kräuter-Porträts auf den nächsten Seiten wurde in Kräuter und blütenreiche Kräuter unterschieden. Mach es wie beim Gemüse – mischen.

INHALT	SEITE	GECHECKT
Buschbohnen, Knoblauch, Kohlrabi, Kürbis	122	☐
Lauch, Mais, Möhre, Paprika	124	☐
Pastinake, Rote Bete, Salat, Spinat	126	☐
Tomate, Winterportulak, Zwiebel, Zucchini	128	☐
Basilikum, Bohnenkraut, Dill, Liebstöckel	130	☐
Oregano, Pfefferminze, Salbei, Schnittlauch	132	☐
Borretsch, Kamille, Kapuzinerkresse, Lavendel, Ringelblume	134	☐

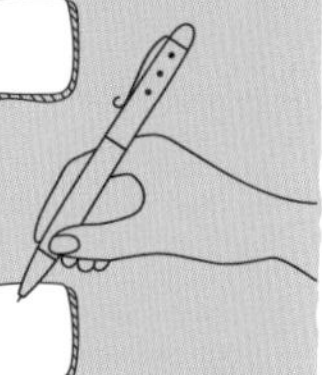

Kreuze das Kästchen an, wenn du die Porträts gelesen hast.

Gemüse-Lieblinge

Hake ab, welche Gemüse du ausprobiert hast und bewerte, wie gut die Kultur für dich funktioniert hat.

Buschbohnen *Phaseolus vulgaris*

Schwierigkeit:
Pflegeaufwand:
Kulturdauer: ca. 2 Monate
Wasserbedarf:
Nährstoffbedarf:
Standort: –
Ernteertrag:
Winterhärte: –

Sie kommen mit fast allen guten Gartenböden zurecht. Buschbohnen sind kälteempfindlich, deshalb ist eine Aussaat erst im Mai möglich. Anfang Mai werden sie in Horsten von vier bis fünf Samen etwa 2–3 cm tief in die Erde gelegt oder in Reihen gesät mit einem Abstand von 10 cm in der Reihe und 40 cm zwischen den Reihen. Bohnen wollen die Glocken läuten hören, heißt es; also nicht so tief legen. Während der Blüte brauchen sie besonders viel Wasser. Bis Mitte Juli kannst du aussäen oder auch pflanzen und bis in den September hinein ernten.

Knoblauch *Allium sativum*

Schwierigkeit:
Pflegeaufwand:
Kulturdauer: ca. 6–8 Monate
Wasserbedarf:
Nährstoffbedarf:
Standort: –
Ernteertrag:
Winterhärte:

Er liebt warme, leichte Böden. Du kannst die Zehen im März/April mit dem Boden nach unten 3–4 cm tief im Abstand von 10–15 cm × 25–30 cm in die Erde stecken und die Knollen dann im September/Oktober ernten. Eine Alternative ist der Winterknoblauch, der im Oktober ins Beet kommt und im nächsten Juli erntereif ist. Du hast dann über den Winter das Beet bepflanzt und kannst früher ernten. Zu dicht Stehendes kannst du vorab ernten und frisch verwenden.

Kohlrabi *Brassica oleracea var. gongylodes*

Schwierigkeit: ⚡
Pflegeaufwand: ✂✂
Kulturdauer: 2–3 Monate
Wasserbedarf: 💧💧
Nährstoffbedarf: ✚✚
Standort: ⛅ – ☀
Ernteertrag: 🥕
Winterhärte: –

Sie werden ab Anfang Februar im Haus vorgezogen, im März können die Jungpflanzen dann schon ins Freie. Vor kühlen Temperaturen schützt du sie mit einem Gartenvlies. Am besten setzt du nicht zu dicht, bei einem Abstand von 30 × 30 cm können sich die Knollen gut entwickeln. Ganz wichtig ist beim Kohlrabi die kontinuierliche Wasserversorgung. Ein ständiger Wechsel zwischen Feuchtigkeit und Trockenheit wird mit dem Platzen der Knollen quittiert.

☐ ☆☆☆☆☆

Kürbis *Cucurbita sp.*

Schwierigkeit: ⚡⚡
Pflegeaufwand: ✂✂
Kulturdauer: ca. 3 Monate
Wasserbedarf: 💧💧💧
Nährstoffbedarf: ✚✚✚
Standort: ☀
Ernteertrag: 🥕🥕🥕
Winterhärte: –

Kürbisse sind Sonnenkinder und brauchen 0,8–1 m^2 Platz um sich herum! Sie passen deshalb gut in eine Mischkultur mit Bohnen und Mais (siehe Seite 72), du kannst auch um die Pflanzen herum mulchen oder sie in Mulchfolie setzen. Damit es ausreichend Früchte gibt, kannst du bei der Bestäubung nachhelfen: Nimm eine männliche Blüte – sie blüht zuerst und hat nur einen kurzen Stiel ohne Minifrucht – entferne die Blütenblätter und streife den Blütenstaub auf der weiblichen Blütenarbe ab.

☐ ☆☆☆☆☆

Hake ab, welche Gemüse du ausprobiert hast und bewerte, wie gut die Kultur für dich funktioniert hat.

Lauch *Allium porrum*

Schwierigkeit: ϟϟ
Pflegeaufwand: ✂✂
Kulturdauer: ca. 4–6 Monate
Wasserbedarf: 💧💧
Nährstoffbedarf: ✚✚✚
Standort: ⛅ – ☀
Ernteertrag: 🥕🥕🥕
Winterhärte: ❄ (je nach Sorte)

Lauch solltest du pflanzen, das ist am einfachsten. Sommerlauch wird im April gepflanzt und im Juli/August geerntet, Herbstlauch säst du Mitte/Ende April. Er ist nach vier bis sechs Monaten erntereif und liefert bis November frische Stangen. Beim Winterlauch ist die Pflanzzeit Mai, die Erntezeit im Winter bis März/April. Zum Pflanzen ziehst du im Beet 10–15 cm tiefe Furchen und setzt den Lauch im Abstand von 15 × 30 cm dort hinein. Hat er sich gut entwickelt, häufelst du die Stangen mit Erde an. Dadurch wird der Weißanteil erhöht.

Möhre *Daucus carota subsp. sativus*

Schwierigkeit: ϟϟ
Pflegeaufwand: ✂✂
Kulturdauer: ca. 3 Monate
Wasserbedarf: 💧💧💧
Nährstoffbedarf: ✚✚
Standort: ☀
Ernteertrag: 🥕🥕
Winterhärte: ❄

Möhren aus eigener Kultur sind ein kulinarisches Erlebnis und nicht vergleichbar mit den Rüben aus dem Supermarkt. Eine Aussaat lohnt sich also und wenn du von Ende Februar/März bis Juni im Abstand von 25 × 15 cm in Etappen aussäest, kannst du im Juni bis November ernten und die späten Möhren auch gut lagern, vorausgesetzt, du hast Lagersorten im Juni gesät. Im März kommen dagegen die Frühmöhren ins Beet. Für Möhren ist eine gleichmäßig feuchte Erde von der Aussaat bis zur Ernte wichtig.

Mais *Zea mays*

Schwierigkeit: ϟϟϟ
Pflegeaufwand: ✂✂
Kulturdauer: 3,5–4 Monate
Wasserbedarf: 💧

Nährstoffbedarf: ✚✚✚
Standort: ☀
Ernteertrag: 2 von 3
Winterhärte: –

Mais, vor allem Süßmais, ist eine Bereicherung für deinen Garten und die Küche. Außerdem kommt er gut mit Trockenheit zurecht. Ende April/Anfang Mai wird 1–3 cm tief und im Abstand 40 × 40 cm ausgesät. Für eine gute Befruchtung braucht er einen windoffenen Platz, das Süßgras wird nämlich durch den Wind befruchtet. Mais gilt in der Landwirtschaft als Hackfrucht und das gilt auch im Garten. Gießen musst du selten, in der Blütezeit hilft es aber, dass sich später viele Kolben bilden.

☐

☆☆☆☆☆

Paprika *Capsicum*

Schwierigkeit: ϟϟ
Pflegeaufwand: ✂✂
Kulturdauer: ca. 3 Monate
Wasserbedarf: 💧💧💧

Nährstoffbedarf: ✚✚✚
Standort: ☀
Ernteertrag: 2 von 3
Winterhärte: –

Paprika gibt es als Spitzpaprika, Blockpaprika, Tomatenpaprika, Kirschpaprika – und davon jede Menge Sorten. Ab Mitte Februar kannst du vorziehen. Damit sie auch keimen, wird eine Temperatur von etwa 25 °C benötigt. Ab Mitte Mai dürfen Paprika mit einem Abstand von 40 × 50 cm in den Garten an einen windgeschützten Platz. Sie brauchen Sonne, Wärme, Wasser und einen Stab als Stütze. Die erste Blüte, die sich an der Spitze bildet – die Königsblüte –, solltest du herausbrechen, das regt das Wachstum an.

☆☆☆☆☆

☐

Hake ab, welche Gemüse du ausprobiert hast und bewerte, wie gut die Kultur für dich funktioniert hat.

☆☆☆☆☆ ☐

Pastinake *Pastinaca sativa*

Schwierigkeit: ϟ	Nährstoffbedarf: ✚✚
Pflegeaufwand: ✂	Standort: ⛅ – ☀
Kulturdauer: ca. 6–8 Monate	Ernteertrag: 3
Wasserbedarf: 💧	Winterhärte: ❄

Pastinaken säest du am besten im April aus, wenn der Boden noch feucht ist, ernten kannst du ab Oktober bis März. Einmal gesät, ist gar nicht mehr viel zu tun, zumal die Wurzeln tief in die Erde reichen und du nur äußerst selten gießen musst. Verwende jedes Jahr neues Saatgut, die Keimkraft der Körner lässt schnell nach. Keimung und Jugendentwicklung gehen langsam voran, anschließend nimmt das Wachstum dann aber Fahrt auf. Wenn die Pflanzen etwa 5 cm hoch sind, werden sie auf ca. 30–35 cm Abstand vereinzelt.

☐ ☆☆☆☆☆

Rote Bete *Beta vulgaris subsp. vulgaris*

Schwierigkeit: ϟϟ	Nährstoffbedarf: ✚✚
Pflegeaufwand: ✂	Standort: ⛅ – ☀
Kulturdauer: ca. 3 Monate	Ernteertrag: 2
Wasserbedarf: 💧💧	Winterhärte: ❄

Rote Beten sind ziemlich anspruchslos. Aussäen kannst du sie ab Anfang April, und weil die Samenkörner schön groß sind, lassen sie sich leicht im Abstand von ca. 10 cm in die 2–3 cm tiefen Saatrillen legen. Am besten kommen immer zwei Körner nebeneinander, nach dem Aufgang wird die schwächere Pflanze dann herausgezogen. Sie kann auf dem Beet als Mulch liegenbleiben. Du kannst aber auch pflanzen und dann schneller ernten.

Blattsalat *Lactuca sativa*

Schwierigkeit: ⚡
Pflegeaufwand: ✂
Kulturdauer: 6–8 Monate
Wasserbedarf: 💧💧

Nährstoffbedarf: ✚
Standort: ⛅ – ☀
Ernteertrag: 2
Winterhärte: –

Schnitt- oder Pflücksalate, auch als Blattsalate bekannt, sind die „Geheimwaffe“ im Garten. Sie sind perfekte Pflanzpartner und füllen schnell Lücken auf. Gepflückt werden die äußeren jungen Blätter. Bleibt das Salatherz unberührt, bilden sich immer wieder neue Blätter nach. Ab April kannst du direkt im Freiland aussäen und später auf 5 × 20 cm vereinzeln oder – vor allem im Sommer – pflanzen, denn ab 20 °C keimen die Samen schlecht. Nicht zu tief setzen.

Spinat *Spinacia oleracea*

Schwierigkeit: ⚡
Pflegeaufwand: ✂
Kulturdauer: ca. 6–8 Wochen
Wasserbedarf: 💧💧💧

Nährstoffbedarf: ✚
Standort: ⛅ – ☀
Ernteertrag: 2
Winterhärte: ❄

Spinat ist ein schnelles und unkompliziertes Blattgemüse, dass du im März und April oder Ende August und September im Abstand von 5 × 25 cm aussäst. Achte auf die passenden Sorten! Wird es wärmer, schießen die Pflanzen nämlich schnell, bilden Blüten und schmecken bitter. Das passiert übrigens auch, wenn der Boden zu trocken ist. Spinat braucht deshalb immer etwas Feuchtigkeit im Boden. Gerade anfangs solltest du Beikräuter entfernen, sie sind eine zu starke Konkurrenz für den Spinat.

Hake ab, welche Gemüse du ausprobiert hast und bewerte, wie gut die Kultur für dich funktioniert hat.

Tomate *Solanum lycopersicum*

Schwierigkeit: ϟϟϟ
Pflegeaufwand: (3)
Kulturdauer: ca. 3 Monate
Wasserbedarf: (3)

Nährstoffbedarf: (3)
Standort: ☼
Ernteertrag: (3)
Winterhärte: –

Tomaten sind die Diven unter dem Gemüse, sie brauchen einiges an Zuneigung. Belohnt wirst du dafür mit bunten, aromatischen Früchten. Die Voranzucht ist Mitte März bis Anfang April, Mitte Mai ist Pflanzzeit. Die Tomaten sollten bis zum ersten Blattpaar ins Pflanzloch passen und etwas schief eingesetzt werden. Gut angießen und mulchen ist wichtig, außerdem eine gute Nährstoffversorgung, z.B. mit verdünnter Brennnesseljauche. Brich die Triebe in den Blattachseln regelmäßig aus, nur bei Busch- und Wildtomaten ist das nicht nötig.

Winterportulak *Claytonia perfoliata*

Schwierigkeit: ϟ
Pflegeaufwand: (1)
Kulturdauer: ca. 8 Wochen
Wasserbedarf: (2)

Nährstoffbedarf: (1)
Standort: ⛅ – ☼
Ernteertrag: (2)
Winterhärte: ❄

Winterportulak oder Winterpostelein versorgt die winterliche Küche mit frischem Grün. Das Saatgut ist superfein, am besten wird es mit etwas Sand gemischt, dann musst du später nicht so viel vereinzeln. Ende August und September sät man in flache, 0,5 cm tiefe Saatrillen, die Pflanzen brauchen einen Abstand von 10–15 cm. Es muss kalt sein, damit die Samen keimen, 12 °C sind optimal. Nach acht Wochen kannst du schon ernten. Lass immer etwas stehen, dann kannst du bis zu sechsmal schneiden.

Zucchini *Cucurbita pepo subsp. pepo convar. giromontina*

Schwierigkeit: ⚡⚡
Pflegeaufwand: ✂
Kulturdauer: ca. 6–8 Wochen
Wasserbedarf: 💧💧
Nährstoffbedarf: ✚✚✚
Standort: ⛅ – ☀
Ernteertrag: 🥕🥕🥕
Winterhärte: –

Zucchini werden als Sommerkürbisse bezeichnet, da sie je nach Sorte nur einige Tage oder Wochen lagerfähig sind, und noch klein, mit etwa 15–20 cm, geerntet werden. Es gibt sie in rund und länglich, in Gelb, Weiß und Grün. Die Voranzucht beginnt im April, ab Mitte Mai dürfen die Pflanzen ins Freiland. Gib ihnen 80–100 cm Abstand zu den Nachbarpflanzen, sie werden recht ausladend. Damit der Boden um die Jungpflanzen nicht austrocknet, lohnt es sich, Rasenschnitt oder Stroh als Mulchschicht drumherum auszubreiten.

☆☆☆☆☆ ☐

Zwiebel *Allium cepa*

Schwierigkeit: ⚡⚡⚡
Pflegeaufwand: ✂
Kulturdauer: ca. 4–6 Monate
Wasserbedarf: 💧💧
Nährstoffbedarf: ✚✚
Standort: ⛅ – ☀
Ernteertrag: 🥕🥕
Winterhärte: ❄ (je nach Sorte)

Zwiebeln kannst du aussäen, dafür benötigst du Saatzwiebeln. Einfacher und schneller funktioniert der Anbau aber mit Steckzwiebeln. Zwiebeln haben gern einen durchlässigen, lockeren und nährstoffreichen Boden und sind nicht sehr trockenheitstolerant. Ende September bis Anfang Oktober kommen Wintersteckzwiebeln im Abstand von 10 × 20 cm in den Boden, im März/April die Sommervariante. Achte auf die richtige Sorte! Die kleinen Steckzwiebeln kommen so tief in die Erde, dass der Sprossansatz noch herausschaut.

☆☆☆☆☆ ☐

Nützliche Kräuter

Hake ab, welche Gemüse du ausprobiert hast und bewerte, wie gut die Kultur für dich funktioniert hat.

Basilikum *Ocimum*

Schwierigkeit: ⚡⚡
Pflegeaufwand: ✂
Lebensdauer: einjährig oder mehrjährig
Wasserbedarf: 💧💧
Nährstoffbedarf: ✚
Standort: ⛅ – ☀
Winterhärte: ❄ (je nach Sorte)

Von Basilikum gibt es verschiedene Arten. Für den Mischkulturanbau sind gerade die einjährigen interessant, weil du sie zwischen das Gemüse setzen und mit diesem auch ernten kannst, sodass das Beet im nächsten Jahr wieder frei ist. Basilikum passt gut zu Tomaten, Gurken, Kohlgewächsen und Zucchini. Das einjährige Kraut z.B. die Sorte 'Blue Spice' lässt sich gut vorziehen. Im Mai kommt die Pflanze in den Garten.

Bohnenkraut *Satureja*

Schwierigkeit: ⚡
Pflegeaufwand: ✂
Lebensdauer: einjährig oder mehrjährig
Wasserbedarf: 💧
Nährstoffbedarf: ✚
Standort: ☀
Winterhärte: ❄ (je nach Sorte)

Beim Bohnenkraut unterscheidet man zwischen einjährigem Sommer-Bohnenkraut (S. *hortensis*) und mehrjährigem Winter-Bohnenkraut (S. *montana*). Von Juli bis Oktober blüht Sommer-Bohnenkraut, kurz vor und während der Blüte ist das Aroma am intensivsten. Dann ist die beste Zeit zum Ernten: Das komplette Kraut wird 10 cm über der Erde abgeschnitten. Bohnenkraut ist ein guter Partner für Bohnen, Rote Bete, Salat und Mangold.

Dill *Anethum graveolens*

Schwierigkeit: ϟϟ
Pflegeaufwand:
Lebensdauer: einjährig
Wasserbedarf:
Nährstoffbedarf:
Standort: –
Winterhärte: –

Dill „möchte den Kopf im Feuer der Sonne und die Füße im feuchten Schatten haben", besagt eine alte Gärtnerregel, d. h. er braucht einen sonnigen Platz mit einer gleichmäßigen Feuchtigkeit. Die Aussaat gelingt von April bis Ende Mai, gute Mischkulturpartner sind Gurken, Zwiebeln, Bohnen, Möhren und Salat.

Liebstöckel *Levisticum officinale*

Schwierigkeit: ϟϟ
Pflegeaufwand:
Lebensdauer: mehrjährig
Wasserbedarf:
Nährstoffbedarf:
Standort: –
Winterhärte:

Liebstöckel braucht im Garten vor allem eins: Platz! Er wird mit bis zu 2 m ziemlich groß und zudem noch ausladend. Am besten wird er gepflanzt, die Aussaat ist langwierig und eigentlich brauchst du auch nur eine Pflanze, denn nur wenige Blätter haben schon eine hohe Würzkraft. Er bekommt einen Einzelplatz am Beetrand.

Hake ab, welche Gemüse du ausprobiert hast und bewerte, wie gut die Kultur für dich funktioniert hat.

Oregano *Origanum vulgare*

Schwierigkeit: ⚡
Pflegeaufwand: ✂
Lebensdauer: mehrjährig
Wasserbedarf: 💧
Nährstoffbedarf: ✚
Standort: ☀
Winterhärte: ❄

Oregano, der Wilde Majoran oder Dost, passt sehr gut in den Mischkulturgarten, ist äußerst anspruchslos und verträgt Trockenheit sehr gut. Seine Blüten ziehen viele Insekten an, während der Blütezeit sind die Blätter besonders aromatisch. Ernten kannst du aber beinahe das ganze Jahr über.

Pfefferminze *Mentha piperita*

Schwierigkeit: ⚡
Pflegeaufwand: ✂✂
Lebensdauer: mehrjährig
Wasserbedarf: 💧💧
Nährstoffbedarf: ✚
Standort: ⛅ – ☀
Winterhärte: ❄

Pfefferminzen sind problemlose Gartenbewohner, ihr unbedingter Ausbreitungsdrang ist aber etwas störend; sie lassen sich nicht gut im Zaum halten. Zu Kartoffeln, Tomaten, Salat und Kohlpflanzen sind sie aber gute Partner. Damit die Minzen in deinem Garten nicht überhandnehmen, kannst du sie am Beetrand mit einer Wurzelsperre platzieren oder in Töpfen zwischen das Gemüse setzen und im Herbst wieder ausgraben.

Salbei *Salvia*

Schwierigkeit: ⚡
Pflegeaufwand: ✂
Lebensdauer: mehrjährig
Wasserbedarf: 💧
Nährstoffbedarf: ✚
Standort: ☀
Winterhärte: ❄ (je nach Sorte)

Salbei wird bis zu 70 cm hoch und verzweigt sich stark, ins Gemüsebeet passt er deshalb nicht so gut. Als Beetumrandung ist er dagegen sehr gut geeignet und vor allem für Möhren und Kohl ein guter Partner. Wie alle mediterranen Kräuter mag der Salbei es gern sonnig. Die beste Erntezeit der Blätter ist übrigens vor und zu Beginn der Blüte.

☆☆☆☆☆

☐

Schnittlauch *Allium schoenoprasum*

Schwierigkeit: ⚡⚡
Pflegeaufwand: ✂
Lebensdauer: mehrjährig
Wasserbedarf: 💧💧
Nährstoffbedarf: ✚
Standort: ⛅
Winterhärte: ❄

Schnittlauch zählt zu den wichtigsten Kräutern im Gemüsegarten, einen Platz dafür findet sich immer. Da die Pflanze mehrjährig ist, bepflanzt du am besten die Beetränder mit Schnittlauch, denn dort können sie ja stehen bleiben. Du kannst aber auch einzelne Pflanzen zwischen Möhrenreihen oder Tomaten setzen. Schnittlauch darf auch zum Blühen kommen. Die Blüten sehen sehr hübsch aus und du kannst sie mitessen.

☐

☆☆☆☆☆

Die Blütenreichen

Hake ab, welche Gemüse du ausprobiert hast und bewerte, wie gut die Kultur für dich funktioniert hat.

Borretsch *Borago officinalis*

Schwierigkeit: ⚡
Pflegeaufwand: ✂
Lebensdauer: einjährig
Wasserbedarf: 💧
Nährstoffbedarf: ✚
Standort: ☀
Winterhärte: –

Borretsch blüht von Mai bis Oktober, auf die hübschen blauen Blüten fliegen jede Menge Insekten; nicht umsonst wird er als Bienenweidepflanze eingestuft. Fühlt sich das Kraut wohl, taucht er überall im Garten und in den Gemüsebeeten auf, ganz ohne dein Zutun. Nimmt er Gemüsepflanzen den Platz weg, kannst du ruhig die eine und andere Pflanze ausreißen, kleinschneiden und als Mulch zwischen die Reihen legen.

Kapuzinerkresse *Tropaeolum*

Schwierigkeit: ⚡
Pflegeaufwand: ✂
Lebensdauer: einjährig
Wasserbedarf: 💧💧
Nährstoffbedarf: ✚
Standort: ⛅ – ☀
Winterhärte: –

Die Kapuzinerkresse hat so große Samenkörner, dass du sie ganz leicht im Abstand von 10 × 20 cm aussäen kannst. Anfangs muss der Boden schön feucht gehalten werden, haben sich die Pflanzen gut entwickelt, solltest du bei Trockenheit gießen. Ansonsten wächst die Art von ganz allein. Die ersten Blüten zeigen sich im Juni, dann blüht Kapuzinerkresse praktisch unermüdlich bis zum ersten Frost. In Mischkultur mit anderen Gemüsen hält sie durch ihren etwas scharfen Geruch sogar Schädlinge fern und die ungeliebten Schnecken machen einen großen Bogen um die Kapuzinerkresse.

Kamille *Matricaria recutita*

Schwierigkeit: ϟϟ
Pflegeaufwand:
Lebensdauer: einjährig
Wasserbedarf:
Nährstoffbedarf:
Standort:
Winterhärte: –

Kamille ist eigentlich eine unkomplizierte Staude, sie braucht aber einen sonnigen, warmen und trockenen Platz und einen sandig-humosen, nährstoffreichen Boden. Die typischen Blüten bereichern ab Mai bis August deinen Mischkulturgarten. Die Aussaat gelingt nicht immer, besser pflanzt du einige Jungpflanzen am Beetrand. Besonders Kartoffeln profitieren von Kamille in ihrer Nähe.

Lavendel *Lavandula*

Schwierigkeit: ϟ
Pflegeaufwand:
Lebensdauer: mehrjährig
Wasserbedarf:
Nährstoffbedarf:
Standort:
Winterhärte:

Lavendel ist ein Allrounder und als Beeteinfassung für den Mischkulturgarten perfekt geeignet. Wähle am besten eine kleinbleibende Sorte aus, die nicht allzu viel Platz beansprucht. Für eine richtig gute Blüte, schneidest du Lavendel im ersten Jahr vor Blühbeginn zurück, im nächsten Jahr blüht er dann umso üppiger. Eine besondere Pflege benötigt er nicht, sollte aber regelmäßig geschnitten werden, damit er von unter her nicht zu stark verholzt und dann unansehnlich wird.

Ringelblumen *Calendula officinalis*

Schwierigkeit: ϟ
Pflegeaufwand:
Lebensdauer: einjährig
Wasserbedarf:
Nährstoffbedarf:
Standort:
Winterhärte: –

Ringelblumen zählen zu den wichtigsten blühenden Kräutern im Mischkulturgarten und es gibt kaum ein genügsameres Kraut. Die Samen sind groß genug und können einzeln ab März zwischen Gemüse etwa 1–2 cm tief in die Erde gesteckt werden. Bleiben einige Blütenköpfe bis zur Samenreife stehen, kannst du sie abnehmen und nach einer Trocknungsphase bis zum nächsten Jahr aufheben. Einmal im Garten ansässig, werden sie immer wieder auftauchen – mal hier, mal da.

Mischkulturtabelle

Folge der Zeile, um gute & schlechte Nachbarn für das Gemüse zu finden!

	Bohnen	Bohnenkraut	Dill	Erbsen	Gurken	Knoblauch	Kohlrabi	Kürbis	Lauch	Mais
Bohnen		gut	gut	schlecht	gut	schlecht	gut	gut	schlecht	gut
Bohnenkraut	gut									
Dill	gut			gut	gut	gut				
Erbsen	schlecht		gut		gut	schlecht	gut		schlecht	gut
Gurken	gut		gut	gut		gut		schlecht	gut	gut
Knoblauch	schlecht		gut	schlecht	gut					
Kohlrabi	gut			gut						
Kürbis	gut				schlecht					gut
Lauch	schlecht			schlecht	gut					
Mais	gut			gut				gut		
Mangold										
Möhren			gut	gut		gut			gut	
Pastinake	gut			gut					gut	
Radieschen	gut			gut	schlecht					
Rote Bete	gut	gut	gut			gut	gut		schlecht	schlecht
Salat	gut	gut	gut	gut	gut		gut			
Spinat	gut			gut	gut		gut			
Tomate				schlecht		gut	gut			
Zucchini				gut	schlecht					
Zwiebel	schlecht			schlecht			schlecht		schlecht	

◎ Gute Nachbarn ◉ Schlechte Nachbarn

Mangold	Möhren	Pastinake	Radieschen	Rote Bete	Salat	Spinat	Tomate	Zucchini	Zwiebel
		◎	◎	◎	◎	◎			◉
				◎	◎				
	◎			◎	◎				
	◎	◎	◎		◎	◎		◎	◉
			◉		◎	◎	◉	◉	◎
	◎			◎			◎		◎
				◎	◎	◎	◎		
	◎	◎		◉					◉
				◉					
	◎	◎	◎	◉		◉			
◎			◎				◎		◎
◎					◎				◎
◎	◎					◎			
◉						◉		◎	◎
		◎							
◉			◎	◉					
	◎								◎
				◎					◎
	◎	◎		◎			◎	◎	

Hier findest du diese Seite zum Download:

(V) Voranzucht
(A) Aussaat ins Beet
(P) Pflanzung

Anbau- und Erntetabelle

Pflanzabstände: in der Reihe/zwischen den Reihen

Pflanze	Pflanzabstände	Saattiefe	Aussaat/Pflanzung	Ernte
Asiasalate (A)	10 × 25 cm	max.1 cm, Lichtkeimer	März–Sept.	Sept.–März
Bohnenkraut, einjähriges (V, A, P)	10 × 25 cm	max.1 cm, Lichtkeimer	(V) März–April (A, P) Mai–Juni	Juni–Okt.
Buschbohnen (A)	10 × 40 cm, Horstsaat	2–3 cm	Mai–Juli	Juni–Okt.
Chinakohl (A)	25 × 30 cm	2 cm	Juli–Aug.	Sept.–Nov.
Dill (A)	breitwürfig	max.1 cm, Lichtkeimer	April–Mai	Juli–August
Endiviensalat (V, A, P)	35 × 25 cm	max.1 cm, Lichtkeimer	(V) Mai–Juni (A) Juni–Juli (P) Juli–Aug.	Sept.–Okt.
Erdbeerspinat (A)	20 × 25 cm	2–3 cm	März–April	6 Wochen nach Aussaat
Feldsalat (A)	10 × 15 cm	max.1 cm, Lichtkeimer	Juli–Okt.	Okt.–März
Frühlingszwiebeln (A)	5 × 20 cm	max.1 cm, Lichtkeimer	März–Aug.	3 Monaten nach Aussaat
Kartoffeln, frühe (P)	35 × 60 cm	10–15 cm	April	Juni–Juli
Kerbel (A)	20 × 20 cm	max.1 cm, Lichtkeimer	März–Sept.	6 Wochen nach Aussaat
Knoblauch (P) (Frühjahr/Herbst)	10 × 25 cm	2–3 cm	März–April Sept.–Okt.	Juni–Okt.
Knollenfenchel (V, A, P)	30 × 30 cm	1 cm	(V, A) März–Juni (P) März–Juli	Sept.–Okt.
Kohlrabi (V, A, P) (früher/später)	25 × 30 cm	0,5–1 cm	(V) Jan.–März (A) Mai (P) März–Mai, Aug.–Sept.	Mai–Okt.
Kopfsalat (V, A, P)	20 × 25 cm	max.1 cm, Lichtkeimer	(V) Feb.–März (A, P) März–Aug.	8-10 Wochen nach Aussaat
Kürbis (V, A, P)	80 cm – 1 Pfl./m²	2–3 cm	(V) April (A, P) Mai	Sept.–Okt.
Lauch (V, A, P) (Sommer-/Herbst-/Winterlauch)	10 × 30 cm	10–15 cm	(V) März (A) April (P) Mai-Juni	Juli/Nov./über den Winter
Mais (V, A, P)	40 × 40 cm	1–3 cm	(V) März (A) (P) Mai	Aug.–Sept.

Pflanze	Pflanz-abstände	Saattiefe	Aussaat/ Pflanzung	Ernte
Mangold (V, A, P) (Blatt-/Stielmangold)	15 × 30 cm 40 × 40 cm	2–3 cm	(V) März–April (A) April, (P) Mai–Juni	Juni–Okt.
Markerbse, frühe (A)	3 × 30 cm	3–5 cm	April–Juni	Juni–Aug.
Möhre (A) (frühe/späte)	35 × 15 cm 35 × 25 cm	max.1 cm, Lichtkeimer	März-Juni	Juni–Nov.
Paprika (V, P)	40 × 50 cm	1 cm	(V) Feb.–März (P) Mai	Aug.–Sept.
Pastinaken (A)	10 × 30 cm	2 cm	März–April	Ab Sept.
Pflücksalat (V, A, P)	15 × 25 cm	max.1 cm, Lichtkeimer	(V) Feb.–März (A) April–Sept. (P) März–April	4–6 Wochen nach Aussaat
Radicchio (A) (früher/später)	30 × 40 cm Vereinzelt auf 12 × 30	max.1 cm, Lichtkeimer	Mai–Juli, Juli–Aug.	4 Monate nach Aussaat
Radieschen (A)	5 × 8 cm	1 cm	Feb.–Aug.	April–Sept.
Rettich (A)	15 × 20 cm	2 cm	März–Aug.	Mai–Dez.
Rote Bete (V, A, P)	10 × 25 cm	2–3 cm	(V) März (A) April–Juli (P) April–Juli	Juli–Okt.
Schnittsalat (V, A, P)	5 × 20 cm	max.1 cm, Lichtkeimer	April–Aug.	Mai–Okt.
Spargelsalat (V, P)	30 × 30 cm	Lichtkeimer	(V) März–Mai (P) Mai–Juli	Juli–Nov.
Spinat (A)	5 × 25 cm	2–3 cm	(A) März–April, Aug.–Sept.	6–8 Wochen nach Aussaat
Stangenbohnen (A)	5 × 80 cm	2–3 cm	Mai-Juni	Juli–Okt.
Steckzwiebel (P) (Sommer/Winter)	10 × 25 cm	3–4 cm Spitze nach oben	März–April, Sept.–Okt.	Juli–Aug., Mai–Juni
Stielmus (A)	2 × 25 cm	1–2 cm	März–April, Aug.–Sept.	April–Juni, Sept.–Nov.
Tomaten (V, P)	50 × 60 cm	2 cm	(V) März–April (P) Mai–Juni	4–6 Monate nach Aussaat
Winterkresse (A)	20 × 20 cm	max.1 cm, Lichtkeimer	März–Okt.	Okt.–April
Winterportulak (A)	15 × 10 cm	max.1 cm, Lichtkeimer	Sept.–Feb.	Nov.–März
Zucchini (V, A, P)	100 × 100 cm	2–3 cm	(V) April (A) Mai, (P) Mai–Juni	Juni–Okt.
Zuckerschoten (A)	10 × 35 cm	3 cm	(A) März–Mai	Mai–Aug.

Zum Weiterbilden

Zum Weiterlesen

Gastl, Markus und Schoppe, Melanie: Boden & Pflanzen natürlich stärken. Verlag Eugen Ulmer 2022.

Heidenreich, Wolfgang und Krause, Antje: Begrünen was geht. Verlag Eugen Ulmer 2022.

Langheineken, Jutta und Weinrich, Schwester Christa: Schwester Christas Mischkultur. 2., aktualisierte Auflage. Verlag Eugen Ulmer 2023.

Lorey, Heidi: Gemüse ins Blumenbeet! Verlag Eugen Ulmer 2021.

Weinrich, Schwester Christa: Mischkultur im Hobbygarten. 6., aktualisierte Auflage. Verlag Eugen Ulmer 2024.

Bezugsquellen

Pflanzen, Saatgut, Gartenzubehör
Gärtner Pötschke
Pflanzen- und Gartenbedarfsversand
Beuthener Straße 4
41561 Kaarst
www.poetschke.de

Kräuter und Heilpflanzen, Saatgut
Rühlemann's Kräuter & Duftpflanzen
Auf dem Berg 2
27367 Horstedt
www.kraeuter-und-duftpflanzen.de

Arznei- und Heilpflanzen, Wildstauden, Saatgut
Staudengärtnerei Gaißmayer
Jungviehweide 3
89257 Illertissen
www.gaissmayer.de

Noch mehr Infos & Ideen gefällig?
Unter www.ulmer.de/service/extras findest du jede Menge Bonusmaterial, das nicht mehr ins Buch gepasst hat. Schau doch einfach mal vorbei!

Lösungen

Auflösung für S. 14/15:
In der Tabelle von oben nach unten: Möhre, Kohl, Salat, Tomaten, Zwiebeln

Auflösung für S. 22/23:
1: A & C | 2: A | 3: B | 4: A | 5: A, B & C

Auflösung für S. 86/87:
→ Lichtkeimer:
Basilikum, Möhre, Koriander, Pak Choi
→ Dunkelkeimer:
Feldsalat, Gurke, Kürbis, Paprika

Auflösung für S. 88/89:
Spaten: F
Sauzahn: C
Grabegabel: A
Bodenkralle: B
Hacke: E
Rechen: D

Autorenvita

Christine Weidenweber hat Agrarwissenschaften studiert. Sie arbeitet seit über 20 Jahren als Lektorin, Redakteurin und Autorin für Fach- und Sachbücher im Bereich Agrarwissenschaften und Gartenbau. In ihrem eigenen Garten experimentiert sie gern mit Kräutern, robustem und dauerhaftem Gemüse bis hin zu Kichererbsen.

Register

Ackerschachtelhalmbrühe 105
Allium cepa 129
Allium porrum 124, 126
Allium sativum 122, 124, 126, 130, 134
Allium schoenoprasum 133
Anbautabelle 138
Anethum graveolens 131
Anzucht 84
Anzuchterde 85
Aussaat 85

Basilikum 130
Beetkante 39
Beetplan 42, 46, 58, 70
Beetvorbereitung 88
Begleitkultur 21
Beta vulgaris subsp. vulgaris 126
Blattläuse 110
Blattsalat 127
Bodenorganismen 88
Bodentyp 90
Bohnen 57
Bohnenkraut 130
Borago officinalis 134
Borretsch 134
Brassica oleracea var. gongylodes 123
Braunfäule 109
Brennnesselauszug 105
Brennnesseljauche 105
Buschbohnen 122

Calendula officinalis 135
Capsicum 125
Claytonia perfoliata 128
Cucurbita pepo 129
Cucurbita sp. 123

Daucus carota subsp. sativus 124, 126
Dill 50, 131
Düngen 89
Dünger, organischer 102
Dunkelkeimer 86

Erdflöhe 81, 111
Erdtyp-Test 90
Erntetabelle 138
Erntezeit, Gemüse und Kräuter 112

Fadenwürmer 109
Feldsalat 19
Fingerprobe 90
Fruchtfolge 19, 20
Fruchtwechsel 16, 18

Gartenplan 36
Gelbsenf 107
Gemüsefliegen 110
Gemüsegarten planen 34
Gemüse pflanzen 94
Gießen 99
Gründüngung 106
Gurkenmosaikvirus 109

Hauptkultur 20
Hornspäne 103
Hybridsaatgut 86

Kamille 60, 134
Kapuzinerkresse 135
Keimfähigkeit, Gemüsesamen 119
Knoblauchtee 105
Kohlrabi 123
Kohlweißling 110
Kompost 103
Kompostdüngung 89
Komposttee 105
Kräuter haltbar machen 116
Krautfäule 109
Kürbis 123

Lactuca sativa 127
Lauch 60, 124
Lavandula 135
Lavendel 135
Leitkultur 21
Levisticum officinale 131
Lichtkeimer 86
Liebstöckel 131
Luzerne 107

Mais 19, 125
Matricaria recutita 134
Mehltau, Echter 108
Mehltau, Falscher 108
Mentha piperita 132
Mischkultur 22
Mischkulturtabelle 136
Mittelzehrer 103
Möhre 124
Mulchen 100
Mulchmaterial 101

Nachkultur 20
Nematoden 108, 109

Ocimum 130
Oregano 132
Origanum vulgare 132

Paprika 125
Pastinaca sativa 126
Pastinake 126
Pastinaken 23
Pfefferminze 132
Pferdemist 103
Pflanzenjauche 104
Pflanzstab 96
Phacelia 107
Phaseolus vulgaris 122
Pilze 108

Rainfarnbrühe 105
Rankgerüst 96
Ringelblumen 135
Rosmarinöl 117
Rostpilze 109
Rote Bete 126
Rotklee 107

Saatband 70
Saattiefe 86
Salbei 133
Salvia 133
Samenernte 118
Samenfest 86
Satureja 130, 134
Sauzahn 89
Schädlinge 110
Schafwollpellets 103
Schnellkeimer 87
Schnittlauch 133
Schwachzehrer 103
Solanum lycopersicum 128
Spargelsalat 54
Spinacia oleracea 127, 129
Spinat 127
Spinnmilben 111
Starkzehrer 103

Tomate 128
Tropaeolum 135

Umgraben 88

Viren 108
Vorkultur 20
Vorratshaltung 114

Wasservorrat 98
Winterpostelein 19, 128
Wühlmäuse 111

Zea mays 125
Zucchini 129
Zuckerschote 49
Zwiebel 129
Zwiebelschalenjauche 105
Zwischenkultur 23

Impressum

Bildquellen: Shutterstock.com: alslutsky: S. 81, 111 M. | AmyLv: S. 133 o. | Andrei Zhigaltsov: S. 65 | Bjoern Wylezich: S. 128 u. | bonchan: S. 87 o. re., 124 o. | boommaval: S. 87 u. li. | Bozena Fulawka: S. 129 u. | carroteater: S. 89 o. re. | Chansom Pantip: S. 109 u. | Christine Weidenweber: S. 141 | Danut Vieru: S. 77 li. | ElephantCastle: S. 89 M. u. | encierro: S. 95 | fotoearl: S. 123 o. | FotoHelin: S. 128 o. | grey_and: S. 87 o. M., 125 u. | Hortimages: S. 87 o. li., 130 o. | Kovaleva_Ka: S. 126 u. | krolya25: S. 109 o., 109 M. o. | lauracrisbasianu: S. 127 o. | Lepas: S. 132 u. | LiliGraphie: S. 135 M. | Lunx: S. 89 u. re. | Manfred Ruckszio: S. 133 u. | Marina Lohrbach: S. 131 u. | mauritius images: S. 89 M. o., 110 M. | Miriam Doerr Martin Frommherz: S. 53 | Nadezhda Nesterova: S. 135 o. | Natalia Kokhanova: S. 109 M. u. | NataliaZa: S. 127 u.| Nataly Studio: S. 126 o., 135 u. | Natalya Bidyukova: S. 132 o. | Natthapol Siridech: S. 122 u. | nechaevkon: S. 110 o., 111 u. | New Africa: S. 131 o. | Oksana Zavadskaya: S. 108 u. | Oleksandr Lytvynenko: S. 134 u. | Parilov: S. 39 | Peter Zijlstra: S. 129 o. | Peyker: S. 89 u. li. | Photoongraphy: S. 125 o. | PIXbank CZ: S. 87 M. li., 123 u. | robert6666: S. 87 u. M. | Rudmer Zwerver: S. 111 o.| SakSa: S. 87 u. re. | Scisetti Alfio: S. 130 u., 134 o. | Sergio Schnitzler: S. 89 o. li. | Shamils: S. 122 o. | Tatevosian Yana: S. 112 | Tibesty: S. 69 | Valentina Razumova: S. 87 M. re., 124 u. | Vitalii Hulai: S. 110 u. | xpixel: S. 77 re. | YuRi Photolife: S. 108 o. || **Zeichnungen:** Alle Zeichnungen stammen von Helmut Flubacher, mit Ausnahme der folgenden: Irina Vaneeva: Gemüse- & Kräuterzeichnungen auf dem Cover und im Innenteil || **Icons & Doodles:** Die Layoutelemente erstellte Michaela Maylander, www.sistermic.de, mit Ausnahme der folgenden: Shutterstock.com: ahmad agung wijayanto: Daumen | Alex Pin: Gartenschere | Amina Uzdenova: Glühbirne | ArtMari: Kleber | Ma Sua: Kreuz | MariMuz: offenes Buch | mrbeast011: Rübe | Nadiinko: Sonne, Sonne hinter Wolke, Wolke, Tropfen, Blitz & Schneeflocke | Polina Tomtosova: Ausrufezeichen | Pukskup: Farbpalette | Vector bucket: Herz || creativemarket.com: danceyourlife: Schaufel & Gabel | Naive Feel: Papier-Hintergrunde des Umschlags und der Aufmacher | NatalieArtShop: Hand mit Stift & Bücherstapel | Pinkbrush: Checkboxen, Tippboxen, Striche, Pfeile, Knäuel, Sprechblasen auf Seite 7 & Sterne.

Die in diesem Buch enthaltenen Empfehlungen und Angaben sind von der Autorin/vom Autor mit größter Sorgfalt zusammengestellt und geprüft worden. Eine Garantie für die Richtigkeit der Angaben kann aber nicht gegeben werden. Autorin/Autor und Verlag übernehmen keine Haftung für Schäden und Unfälle. Bitte setzen Sie bei der Anwendung der in diesem Buch enthaltenen Empfehlungen Ihr persönliches Urteilsvermögen ein. Der Verlag Eugen Ulmer ist nicht verantwortlich für die Inhalte der im Buch genannten Websites.

Anmerkung zur Schreibweise (Gendering): Gendergerechtigkeit und Inklusion sind bei uns gelebte Praxis – bei der Auswahl unserer Themen, bei der Recherchearbeit, in der Gestaltung. Unsere Texte meinen alle. Damit unsere Inhalte jedoch gut lesbar bleiben, verzichten wir in diesem Werk auf die jeweilige Mehrfachnennung oder Anpassung der Schreibweise bestimmter Bezeichnungen an die weibliche, männliche oder diverse Form.

Bibliografische Information der Deutschen Nationalbibliothek
Die Deutsche Nationalbibliothek verzeichnet diese Publikation in der Deutschen Nationalbibliografie; detaillierte bibliografische Daten sind im Internet über http://dnb.d-nb.de abrufbar.

Wollgrasweg 41, 70599 Stuttgart (Hohenheim)
E-Mail: info@ulmer.de
Internet: www.ulmer.de
Projektleitung: Saskia Hoen
Lektorat: Alessandra Kreibaum
Herstellung: Birgit Heyny
Reihen- und Umschlaggestaltung:
Michaela Mayländer, Stuttgart, www.sistermic.de
Satz: Marion Schreiber, www.marionschreiber.de
Reproduktion: time:ray, Jettingen
Druck und Bindung: Pustet, Regensburg
Printed in Germany

ISBN 978-3-8186-2481-1

MIX
Papier | Fördert gute Waldnutzung
FSC® C014889
FSC www.fsc.org